Farmacologia, Anestesiologia e Terapêutica em Odontologia

Nota: A medicina é uma ciência em constante evolução. À medida que novas pesquisas e a experiência clínica ampliam o nosso conhecimento, são necessárias modificações no tratamento e na farmacoterapia. Os organizadores desta obra consultaram as fontes consideradas confiáveis, em um esforço para oferecer informações completas e, geralmente, de acordo com os padrões aceitos à época da publicação. Entretanto, tendo em vista a possibilidade de falha humana ou de alterações nas ciências médicas, os leitores devem confirmar estas informações com outras fontes. Por exemplo, e em particular, os leitores são aconselhados a conferir a bula de qualquer medicamento que pretendam administrar, para se certificar de que a informação contida neste livro está correta e de que não houve alteração na dose recomendada nem nas contraindicações para o seu uso. Esta recomendação é particularmente importante em relação a medicamentos novos ou raramente usados.

F233 Farmacologia, anestesiologia e terapêutica em odontologia / organizadores, Léo Kriger, Samuel Jorge Moysés, Simone T. Moysés ; coordenadora, Maria Celeste Morita ; autores, Eduardo Dias de Andrade ... [et al.]. – São Paulo : Artes Médicas, 2013.
160 p. : il. color. ; 28 cm. – (ABENO : Odontologia Essencial : parte básica)

ISBN 978-85-367-0187-5

1. Odontologia. 2. Farmacologia. 3. Anestesiologia. 4. Terapêutica. I. Kriger, Léo. II. Moysés, Samuel Jorge. III. Moysés, Simone T. IV. Morita, Maria Celeste. V. Andrade, Eduardo Dias de.

CDU 616.314

Catalogação na publicação: Ana Paula M. Magnus – CRB 10/2052

SÉRIE ABENO

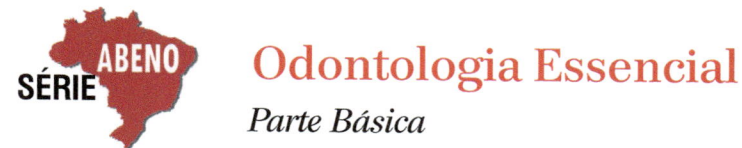

Odontologia Essencial

Parte Básica

organizadores da série

Léo Kriger

Samuel Jorge Moysés

Simone Tetu Moysés

coordenadora da série

Maria Celeste Morita

Farmacologia, Anestesiologia e Terapêutica em Odontologia

Eduardo Dias de Andrade

Francisco Carlos Groppo

Maria Cristina Volpato

Pedro Luiz Rosalen

José Ranali

artes médicas

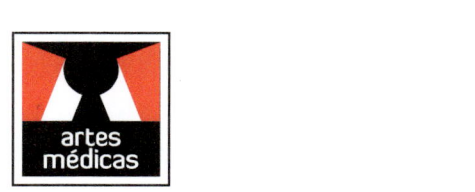

2013

© Editora Artes Médicas Ltda., 2013

Diretor editorial: *Milton Hecht*
Gerente editorial: *Letícia Bispo de Lima*

Colaboraram nesta obra:
Editora: *Caroline Vieira*
Assistente editorial: *Carina de Lima Carvalho*
Capa e projeto gráfico: *Paola Manica*
Editoração: *TAB Marketing Editorial*
Ilustrações: *Vagner Coelho*
Processamento pedagógico e preparação de originais: *Madi Pacheco*
Leitura final: *Laura Ávila de Souza*

Reservados todos os direitos de publicação à
EDITORA ARTES MÉDICAS LTDA., uma empresa do GRUPO A EDUCAÇÃO S.A.

Editora Artes Médicas Ltda.
Rua Dr. Cesário Mota Jr., 63 – Vila Buarque
CEP 01221-020 – São Paulo – SP
Tel.: (11)3221-9033 – Fax: (11)3223-6635

É proibida a duplicação ou reprodução deste volume, no todo ou em parte, sob quaisquer formas ou por quaisquer meios (eletrônico, mecânico, gravação, fotocópia, distribuição na Web e outros), sem permissão expressa da Editora.

Unidade São Paulo
Av. Embaixador Macedo Soares, 10.735 – Pavilhão 5 – Cond. Espace Center
Vila Anastácio – 05095-035 – São Paulo – SP
Fone: (11) 3665-1100 Fax: (11) 3667-1333

SAC 0800 703-3444 – www.grupoa.com.br

IMPRESSO NO BRASIL
PRINTED IN BRAZIL

Autores

Eduardo Dias de Andrade   Cirurgião-dentista. Professor titular de Farmacologia, Anestesiologia e Terapêutica da Faculdade de Odontologia de Piracicaba da Universidade Estadual de Campinas (FOP/Unicamp). Mestre em Farmacologia aplicada à Clínica Odontológica pela FOP/Unicamp. Doutor em Farmacologia pela FOP/Unicamp.

Francisco Carlos Groppo   Cirurgião-dentista. Professor titular de Farmacologia, Anestesiologia e Terapêutica da FOP/Unicamp. Mestre e doutor em Farmacologia pela FOP/Unicamp.

Maria Cristina Volpato   Cirurgiã-dentista. Professora titular de Farmacologia, Anestesiologia e Terapêutica da FOP/Unicamp. Mestre e doutora em Farmacologia, Anestesiologia e Terapêutica pela FOP/Unicamp.

Pedro Luiz Rosalen   Farmacêutico. Professor titular de Farmacologia, Anestesiologia e Terapêutica da FOP/Unicamp. Doutor em Farmacologia pela FOP/Unicamp.

José Ranali   Professor titular de Farmacologia, Anestesiologia e Terapêutica na FOP/Unicamp. Mestre e Doutor em Farmacologia, Anestesiologia e Terapêutica pela FOP/Unicamp.

Organizadores da Série Abeno

Léo Kriger   Professor de Saúde Coletiva da Pontifícia Universidade Católica do Paraná (PUCPR). Mestre em Odontologia em Saúde Coletiva pela Universidade Federal do Rio Grande do Sul (UFRGS).

Samuel Jorge Moysés   Professor titular da Escola de Saúde e Biociências da PUCPR. Professor adjunto do Departamento de Saúde Comunitária da Universidade Federal do Paraná (UFPR). Coordenador do Comitê de Ética em Pesquisa da Secretaria Municipal da Saúde de Curitiba, PR. Doutor em Epidemiologia e Saúde Pública pela University of London.

Simone Tetu Moysés   Professora titular da PUCPR. Coordenadora da área de Saúde Coletiva (mestrado e doutorado) do Programa de pós-graduação em Odontologia da PUCPR. Doutora em Epidemiologia e Saúde Pública pela University of London.

Coordenadora da Série Abeno

Maria Celeste Morita   Presidente da ABENO. Professora associada da Universidade Estadual de Londrina (UEL). Doutora em Saúde Pública pela Université de Paris 6, França.

Conselho editorial da Série Abeno Odontologia Essencial

Maria Celeste Morita, Léo Kriger, Samuel Jorge Moysés, Simone Tetu Moysés, José Ranali, Adair Luiz Stefanello Busato.

Prefácio

Em boa hora a Abeno e a Editora Artes Médicas tornam realidade a "Série Abeno Odontologia Essencial".

A par do esforço geral de todas as entidades nacionais para melhorar a formação do cirurgião-dentista – cada uma delas em sua competência específica –, este projeto assume importância uma vez que preenche a lacuna fundamental de oferecer um material didático de qualidade para a complementação do processo de ensino-aprendizagem dos alunos de graduação das atuais 197 faculdades de odontologia do Brasil. A coletânea, composta de 31 fascículos, abrangendo todo o currículo de graduação, será uma ferramenta importante na formação do futuro profissional de odontologia.

Nós, autores deste livro, nos sentimos orgulhosos de participar desse projeto, pois há muito tempo trabalhamos para inserir o ensino de farmacologia, anestesiologia e terapêutica no currículo dos cursos de graduação de odontologia do país. Para isso, preparamos um conteúdo didaticamente dividido em três capítulos, que percorre todo o espectro relativo a essas áreas. No primeiro capítulo, são abordados os fundamentos farmacocinéticos e farmacodinâmicos imprescindíveis para que o futuro cirurgião-dentista possa administrar ou prescrever corretamente os fármacos na clínica odontológica.

No capítulo seguinte, tratamos do grupo de drogas mais usado em odontologia, os anestésicos locais, incluindo a seleção destes nas dosagens apropriadas, de acordo com as necessidades do procedimento e com as condições sistêmicas do paciente. Também são abordadas as complicações em intercorrências relativas à anestesia local e sua prevenção.

E, por último, o capítulo de terapêutica medicamentosa traz os protocolos farmacológicos recomendados para sedação mínima, controle da dor, profilaxia e tratamento das infecções, assim como as normas de prescrição de medicamentos de acordo com as leis brasileiras.

Acrescente-se que, embora este livro apresente um conteúdo abrangente, não dispensa a busca de informações complementares e a educação continuada nas áreas de conhecimento abordadas. Bons estudos!

Eduardo Dias de Andrade
Francisco Carlos Groppo
Maria Cristina Volpato
Pedro Luiz Rosalen
José Ranali

Sumário

1 | Farmacologia — 11
Pedro Luiz Rosalen
Francisco Carlos Groppo

2 | Anestesiologia — 74
José Ranali
Maria Cristina Volpato

3 | Terapêutica medicamentosa — 113
Eduardo Dias de Andrade

Referências — 157

Recursos pedagógicos que facilitam a leitura e o aprendizado!

OBJETIVOS DE APRENDIZAGEM	Informam a que o estudante deve estar apto após a leitura do capítulo.
Conceito	Define um termo ou expressão constante do texto.
LEMBRETE	Destaca uma curiosidade ou informação importante sobre o assunto tratado.
PARA PENSAR	Propõe uma reflexão a partir de informação destacada do texto.
SAIBA MAIS	Acrescenta informação ou referência ao assunto abordado, levando o estudante a ir além em seus estudos.
ATENÇÃO	Chama a atenção para informações, dicas e precauções que não podem passar despercebidas ao leitor.
RESUMINDO	Sintetiza os últimos assuntos vistos.
🔍	Ícone que ressalta uma informação relevante no texto.
⚡	Ícone que aponta elemento de perigo em conceito ou terapêutica abordada.
PALAVRAS REALÇADAS	Apresentam em destaque situações da prática clínica, tais como prevenção, posologia, tratamento, diagnóstico etc.

Farmacologia

PEDRO LUIZ ROSALEN
FRANCISCO CARLOS GROPPO

A história da farmacologia sem dúvida está associada à história das civilizações, a seus avanços e sofrimentos. Além disso, apresenta uma forte intimidade com a saúde e a ciência médica, da qual também se derivou a terapêutica.

A farmacologia pode ser definida como o estudo das drogas ou medicamentos que interagem com os organismos vivos. Esse estudo foi reconhecido como ciência no século XIX, com o surgimento da produção artesanal de "remédios" nas boticas. Na metade desse século, com a Revolução Industrial na Europa e nos Estados Unidos, emergiram as primeiras indústrias farmacêuticas, algumas delas presentes até os dias atuais.

A partir do momento em que os princípios científicos da farmacologia foram formulados, propôs-se a aplicação prática de métodos apropriados para tratar uma determinada condição ou doença. A isso se deu o nome de **farmacologia clínica ou terapêutica.**

Originalmente, todas as drogas, remédios ou medicamentos eram substâncias provenientes exclusivamente da **natureza,** oriundos de fontes naturais como plantas, animais e minerais. Essas substâncias foram registradas historicamente em diversos documentos, como na *Bíblia Sagrada*; na placa de argila encontrada em escavações realizadas na Suméria, atualmente região do Iraque, com idade estimada em aproximadamente 5 mil anos; no *Papiro Ebers* (1550 a.C.) e em tantas outras heranças grafadas de civilizações antigas, como babilônios, assírios, chineses, indianos e incas. Esses povos registraram inúmeras experiências farmacológicas e terapêuticas, como o uso do ópio com efeito sonífero ou da beladona como narcótico.

Há um consenso de que o marco significativo da farmacologia ocorreu no século XX por meio das observações feitas pelo médico inglês Sir Alexander Fleming, em 1928, que levaram à descoberta do primeiro antibiótico – a **penicilina** —, uma substância produzida por fungos com capacidade de impedir o desenvolvimento de bactérias patogênicas.

OBJETIVOS DE APRENDIZAGEM

- Definir e aplicar os conceitos básicos relativos à farmacologia
- Empregar corretamente as doses, as formas e as vias de administração de fármacos utilizados em odontologia
- Conhecer os processos farmacocinéticos e os efeitos farmacodinâmicos das drogas de importância para a odontologia

A partir da descoberta da penicilina, a busca por novos antibióticos ou antimicrobianos se acentuou e vem crescendo até os dias atuais, particularmente em razão do surgimento de microrganismos cada vez mais resistentes a esse grupo de medicamentos.

Outro avanço importante foi o surgimento dos **quimioterápicos** no final da Segunda Guerra Mundial, quando foi observado que o gás de mostarda (arma química) e a sua forma azotada (menos tóxica) reduziam a taxa de leucócitos no sangue e que essa poderia ser uma nova droga a ser testada no tratamento das leucemias. Na década de 1940, a forma azotada da mostarda foi experimentada em pacientes com linfoma, os quais apresentaram graus variados de remissão da doença.

A partir desse experimento, outras substâncias com efeito similar contra células tumorais foram avaliadas, gerando novas drogas para o tratamento de neoplasias, como os agentes alquilantes (p. ex., cisplatina), antimetabólitos (p. ex., citarabina), inibidores mitóticos (p. ex., vimblastina), antibióticos antitumorais (p. ex., doxorrubicina), anticorpos monoclonais (p. ex., rituximabe), entre outros.

PARA PENSAR

O século XX foi marcado por grandes avanços na farmacologia. Em 1928 foi descoberta a penicilina e, na década de 1940, surgiram os primeiros quimioterápicos.

A farmacologia vem se expandindo e modernizando na busca de substâncias biologicamente ativas de origem natural, semissintética e sintética para o tratamento de diferentes doenças, com menos efeitos adversos. Esse movimento crescente da farmacologia gera muitos novos conhecimentos, propiciando o desmembramento dessa ciência em subáreas de estudo como farmacotécnica, farmacognosia, farmacogenética, farmacovigilância, biologia molecular, bioinformática, química fina e tantas outras que, de forma multidisciplinar, avançam na prospecção de novas e melhores abordagens terapêuticas para os mais variados estados de morbidade.

DEFINIÇÕES DE TERMOS BÁSICOS DA FARMACOLOGIA

Droga – qualquer substância química capaz de interagir com o organismo vivo em algum nível, seja morfológico, fisiológico, bioquímico ou psicológico, e produzir algum efeito. A mídia vem utilizando esse termo para substâncias exclusivamente de uso abusivo, com consequências como dependência e problemas sociais. Entretanto, o sentido de "droga", como definido primeiramente, é mais amplo.

Remédio – pode ser uma droga ou um recurso (p. ex., psicoterapia) usado para tratar ou prevenir doenças.

Medicamento – produto farmacêutico tecnicamente obtido ou elaborado com finalidade profilática, curativa, paliativa ou para fins de diagnóstico.[1]

Princípio ativo – substância que deve exercer efeito farmacológico. Um medicamento, um alimento ou uma planta pode ter diversas substâncias em sua composição, mas somente uma ou algumas dessas substâncias conseguem ter ação no organismo.

Fármaco – princípio ativo de um medicamento.

Tóxico – droga que resulta em efeito danoso ou lesivo ao organismo. Dependendo de sua origem, pode ainda receber o nome de veneno ou peçonha.

Ação do fármaco – interação do fármaco com o receptor (local de ligação no organismo), resultando em eventos bioquímicos.

Efeito do fármaco – expressão do conjunto de caracteres visíveis no organismo decorrente da ação do fármaco.

Efeito indesejável ou adverso, ou **reação adversa a medicamentos** (RAM) – qualquer resposta a um medicamento que seja prejudicial, não intencional e que ocorra nas doses normalmente utilizadas em seres humanos para profilaxia, diagnóstico e tratamento de doenças, ou para a modificação de uma função fisiológica.[2]

Biodisponibilidade do fármaco ou do medicamento – medida da fração de uma dose de um fármaco administrado e não metabolizado que atinge a circulação sistêmica e está disponível para se ligar a um receptor no organismo.

FORMAS FARMACÊUTICAS

Forma farmacêutica é o **estado final de apresentação da fórmula farmacêutica**, com a finalidade de facilitar sua administração e obter o maior efeito terapêutico possível e o mínimo de efeitos indesejáveis.[3]

As formas farmacêuticas são elaborações estudadas cientificamente pela farmacotécnica. Inicia-se o processo com a fórmula farmacêutica (componentes), seguida das características dadas a ela (formato, aparência, apresentação) conforme a via de administração mais adequada. São exemplos de formas farmacêuticas os comprimidos, as cápsulas, as drágeas, as soluções e as dispersões (suspensões e emulsões).

As fontes de obtenção de fármacos (princípios ativos) que compõem a fórmula farmacêutica são tipicamente **produtos naturais** (além de plantas, animais e minerais, incluem-se nessa categoria as toxinas extraídas de animais, bactérias, fungos ou plantas), os semissintéticos (derivados de produtos naturais) e os sintéticos, cuja produção é essencialmente de origem química.

O National Institute of Health, dos Estados Unidos, no período de 1981 a 2002, realizou um estudo sobre fontes de fármacos disponíveis para a terapêutica e que foram aprovados pela Food and Drug Administration (FDA), agência americana que controla alimentos e medicamentos.[4]

Esse estudo mostrou que 67% dos medicamentos são total ou parcialmente provenientes de fontes naturais, sendo 28% de produtos naturais e 39% de derivados de produtos naturais. Os demais 33% são de origem sintética. É interessante notar que 70% dos quimioterápicos e antimicrobianos foram desenvolvidos a partir de produtos naturais, demonstrando o grande potencial dessa fonte.[4,5]

Formas farmacêuticas

Dizem respeito ao estado final de apresentação da fórmula farmacêutica, como comprimidos, cápsulas, drágeas, etc.

COMPOSIÇÃO DAS FÓRMULAS FARMACÊUTICAS

As fórmulas farmacêuticas, que dão origem à forma farmacêutica, podem ter os seguintes constituintes:

Fármaco ou princípio ativo – responsável pela ação farmacológica. A fórmula pode conter um ou mais fármacos, dando origem às associações. Não havendo princípio ativo na fórmula, esta é chamada de placebo.

Coadjuvante terapêutico – auxilia ou potencializa a ação do fármaco na fórmula. Exemplo: epinefrina, um vasoconstritor incorporado às soluções anestésicas de uso odontológico para aumentar o tempo de duração da anestesia.

Coadjuvante farmacotécnico – facilita a dissolução ou dispersão do fármaco na fórmula.

Estabilizante/conservante – evita alterações de ordem física, química ou biológica e aumenta a estabilidade da fórmula.

Corretivo – corrige as propriedades organolépticas (cor, odor, sabor) da fórmula, para torná-la mais aceitável ao receptor.

Veículo (líquido) e **excipiente** (sólido) – dissolvem ou dispersam todos os componentes da fórmula farmacêutica de forma a produzir formas farmacêuticas líquidas e sólidas.

 As **formas farmacêuticas sólidas** mais comuns são os pós e grânulos (simples, contendo apenas um fármaco, ou compostos, com dois ou mais princípios ativos) e os aglomerados, como comprimidos, cápsulas, drágeas e pastilhas.

 As **formas farmacêuticas líquidas** mais comuns são as soluções (solução oral, solução em gotas, xarope, elixir, colírio, errino, gotas nasais, solução otológica, clister ou enema, colutório), dispersões (suspensão e emulsão) e soluções parenterais ou injetáveis esterilizadas (ampola, frasco-ampola, etc.).

VIAS DE ADMINISTRAÇÃO DE FÁRMACOS

A via de administração é definida como o **local de acesso** pelo qual o fármaco ou medicamento entra em contato com as estruturas do organismo. Apesar de às vezes ser pouco valorizada pelo prescritor, a escolha da via de administração é de extrema importância na terapêutica, pois viabiliza o fármaco no local mais adequado para maximizar o efeito desejado e minimizar os efeitos indesejáveis, no tempo e na concentração suficientes para cumprir seu papel.

Devem-se levar em consideração a **dose** (quantidade) do medicamento administrado e a **forma** farmacêutica mais apropriada para a via de administração escolhida (comprimido, cápsula ou solução por via oral, ou ainda ampola por via intramuscular), a fim de garantir as concentrações ideais do fármaco no local onde irá interagir com o organismo.

As vias de administração de fármacos, para efeitos da prescrição, podem ser didaticamente classificadas em digestivas (ou enterais), parenterais e tópicas.

Vias digestivas ou enterais – vias de acesso do medicamento que fazem contato com qualquer segmento do sistema digestório, como as vias bucal, sublingual, oral e retal.

Vias parenterais – demais vias de acesso do medicamento que não interagem com o sistema digestório (do grego: *para* = ao lado, paralelo, ou, neste caso, "que não se encontra no"; *enteron* = intestino), como é o caso das vias acessadas por meio de soluções injetáveis, também chamadas de parenterais diretas (intradérmica, subcutânea, intramuscular, intravenosa e intra-arterial) ou parenterais indiretas (cutânea, respiratória, conjuntival, geniturinária e intracanal, esta última específica para a clínica odontológica).

Vias tópicas – aplicação de um fármaco ou medicamento diretamente no local onde irá agir. Normalmente a aplicação é feita na pele ou na mucosa, e as formulações empregadas devem impedir ou reduzir a absorção no local, para evitar efeitos sistêmicos indesejáveis.

Nas Tabelas 1.1 e 1.2, apresentadas a seguir, estão relacionadas as vias de administração mais empregadas na terapêutica, com suas vantagens e desvantagens, as formas farmacêuticas mais comuns e o uso.

O uso diz respeito às normas de prescrição de medicamentos, como será visto mais adiante, no Capítulo 3. A regra prática é que todo medicamento que é **deglutido** é considerado de **uso interno.** As demais formas farmacêuticas de medicamentos, como soluções injetáveis, pomadas, supositórios, colutórios, colírios, etc., são consideradas de **uso externo.**

TABELA 1.1 – **Vias enterais mais empregadas na terapêutica**

VIA DE ADMINISTRAÇÃO E USO	FORMAS FARMACÊUTICAS MAIS COMUNS	VANTAGENS	DESVANTAGENS
Oral (uso interno)	Comprimidos Cápsulas Drágeas Soluções Xaropes Elixires Suspensões Emulsões	Fácil administração Boa aceitação pelo paciente Possibilidade de autoadministração Maior segurança (absorção mais lenta) Indolor Possibilidade de tratamentos de maior duração Baixo custo (relativo)	Necessidade de consciência e cooperação do paciente Risco de autoadministração abusiva Absorção irregular pela interferência dos alimentos Inativação ou redução dos efeitos do fármaco por sucos ou enzimas digestórias e hepáticas
Sublingual (uso interno)	Comprimidos Soluções	Facilidade de aplicação Absorção direta e ação rápida, em razão da abundância de vasos sanguíneos na região e da pequena espessura da mucosa Boa aceitação pelo paciente Possibilidade de autoadministração Evita o contato do fármaco com sucos ou enzimas digestórias e hepáticas Baixo custo (relativo)	Restrição da ingestão de líquidos ou alimentos durante 10 minutos após a administração Risco de autoadministração abusiva
Bucal (uso externo)	Soluções Colutórios Cremes Pomadas	Administração de medicamentos que exercem ação no local da aplicação Conveniência e facilidade de aplicação Possibilidade de autoadministração Baixo custo (relativo)	Difícil manutenção da concentração do fármaco em contato com a mucosa, decorrente do efeito de "lavagem" da saliva
Retal (uso externo)	Supositórios	Conveniência de aplicação quando o paciente não consegue deglutir, está inconsciente ou apresenta vômito Evita ação do contato do fármaco com sucos digestórios ou enzimas digestórias e hepáticas Baixo custo (relativo)	Absorção irregular e incompleta A ocorrência de diarreia compromete a ação e o efeito do medicamento Incômodo na aplicação Possibilidade de irritação da mucosa absortiva

TABELA 1.2 – **Vias parenterais mais empregadas na terapêutica** (Continua)

VIA DE ADMINISTRAÇÃO E USO	FORMAS FARMACÊUTICAS MAIS COMUNS	VANTAGENS	DESVANTAGENS
Intradérmica (uso externo)	Soluções injetáveis	Uso de pequenos volumes (< 0,5 mL) para testes diagnósticos de alergia, prova cutânea à tuberculina (PPD) e algumas vacinas Usada principalmente para produzir efeito local	Necessidade de aplicação por pessoa especializada Alto custo (relativo) Dor na aplicação
Subcutânea (uso externo)	Soluções injetáveis	Administração e absorção mais lenta e gradual do que por outras vias parenterais diretas Possibilita efeitos lentos e prolongados do fármaco	Pequena possibilidade de dano tecidual e de atingir vasos sanguíneos de maior calibre e nervos Necessidade de aplicação por pessoa especializada Alto custo (relativo) Dor na aplicação
Intramuscular (uso externo)	Soluções injetáveis	Ação sistêmica rápida e absorção de volumes maiores (até 5 mL) em locais adequados Utilização para indivíduos com impedimento da via oral ou para medicações que são alteradas pelos sucos e enzimas digestórias Possibilidade, em razão da profundidade da aplicação, de administração de substâncias irritantes, causando menos dor Possibilidade do uso de solução de depósito, que prolonga o efeito do fármaco e requer menor número de aplicações	Possibilidade de causar reações locais, como equimoses, hematomas, abscessos e reação de hipersensibilidade Necessidade de aplicação por pessoa especializada Contraindicação a indivíduos com doença vascular periférica oclusiva, problemas de coagulação, edema, locais inflamados, cicatrizes, tatuagem ou outras lesões Alto custo (relativo) Dor na aplicação
Intravenosa (uso externo)	Soluções injetáveis	Fármacos independem da absorção, uma vez que são administrados diretamente na veia Efeitos imediatos Possibilidade de aplicação de grande volume de solução esterilizada (litros), em indivíduo hospitalizado	Risco de causar reações locais, como infecção, flebite ou trombose Necessidade de aplicação por pessoa especializada Alto custo (relativo) Dor na aplicação

(Continuação)

VIA DE ADMINISTRAÇÃO E USO	FORMAS FARMACÊUTICAS MAIS COMUNS	VANTAGENS	DESVANTAGENS
Cutânea (uso externo)	Cremes Pomadas Géis Loções	Fármacos administrados diretamente sobre a pele e a mucosa têm ação local ou sistêmica, na dependência da fórmula farmacêutica Conveniência e facilidade de aplicação Boa aceitação pelo paciente Possibilidade de autoadministração Possibilidade de terapias com maior tempo de duração	Pele ou mucosa alterada por processos ou agentes diversos (químicos, físicos ou biológicos) aumenta a absorção dos fármacos, podendo acarretar efeitos indesejáveis
Conjuntival (uso externo)	Colírios	Fármacos administrados diretamente sobre mucosa, com efeitos rápidos Conveniência e facilidade de aplicação Boa aceitação pelo paciente Possibilidade de autoadministração Indolor Possibilidade de terapias de maior tempo de duração	Não é utilizada para obter absorção sistêmica Riscos de irritação, contaminação ou ulceração da córnea
Respiratória (uso externo)	Gotas nasais Aerossóis Gases Fumaças Pós	Efeito tópico ou sistêmico, pois a via inicia na mucosa nasal e vai até os alvéolos pulmonares Ação e efeitos rápidos, graças à vascularização no local Conveniência e facilidade de aplicação Boa aceitação pelo paciente Possibilidade de autoadministração Indolor Possibilidade de terapias mais duradouras	Dificuldade da regulação da dose Métodos de aplicação com certa complexidade e dificuldade para a automedicação Alguns fármacos gasosos e voláteis podem provocar irritação do epitélio pulmonar
Intracanal (uso externo)	Soluções injetáveis Géis Pós Pastas	Administração de fármacos ou líquidos irrigantes no interior do sistema de canais radiculares dos dentes	Necessidade de aplicação por profissional especializado

FARMACOCINÉTICA

A farmacocinética estuda os processos de absorção, distribuição, metabolismo (biotransformação) e excreção que determinam a movimentação de uma droga em um organismo vivo, desde sua introdução por uma via de acesso até sua eliminação.

Embora a absorção, a distribuição, o metabolismo e a excreção ocorram de forma dinâmica e praticamente simultânea durante a administração de uma droga, esses processos serão abordados individualmente.

ABSORÇÃO

A absorção é o primeiro dos processos farmacocinéticos, que ocorre após a administração da droga no organismo. É definida como a passagem da droga do local da sua aplicação até atingir a luz dos vasos sanguíneos ou linfáticos. O local onde a droga é introduzida, que depende da via de administração escolhida, influencia na velocidade e na extensão da absorção e, por consequência, nas suas ações e efeitos.

Um fármaco administrado por **via oral** primeiramente tem de se solubilizar no suco digestório estomacal ou intestinal, antes de atravessar as membranas da mucosa. O endotélio vascular é a última barreira física; depois que o fármaco o atravessa, termina o processo de absorção. Para que esse processo ocorra, são gastos tempo e energia, e parte da droga pode ser perdida no trajeto até a entrada no vaso sanguíneo ou linfático, interferindo negativamente no processo de absorção.

Quando se utiliza a **via intravenosa** para a mesma droga, certamente o processo de absorção não existe, pois a droga é introduzida diretamente no interior do vaso, tendo 100% de disponibilidade para se distribuir no organismo e atingir a ação e o efeito esperados.

A via de administração é um fator que influencia o processo de absorção, pela variedade de tecidos (ou ausência deles) e de locais pelos quais a droga precisa ser transportada.

Grande parte do processo de absorção é caracterizada pelo transporte da droga pelas células, delimitadas exteriormente pela membrana plasmática, a qual é a primeira barreira que a droga tem de atravessar para conseguir chegar à corrente sanguínea ou linfática.

De forma simplificada, a membrana plasmática que envolve a célula é constituída de uma bicamada de fosfolipídeos. Esses fosfolipídeos possuem uma cabeça polar, formada por fósforo (que fica voltada para a água), e uma cauda apolar lipídica (hidrofóbica), voltada para o interior da membrana. Além desse constituinte, a membrana possui blocos de proteínas, além de açúcares ligados aos lipídeos e às proteínas. Assim, a composição principal da membrana plasmática é lipoproteica (Fig. 1.1).

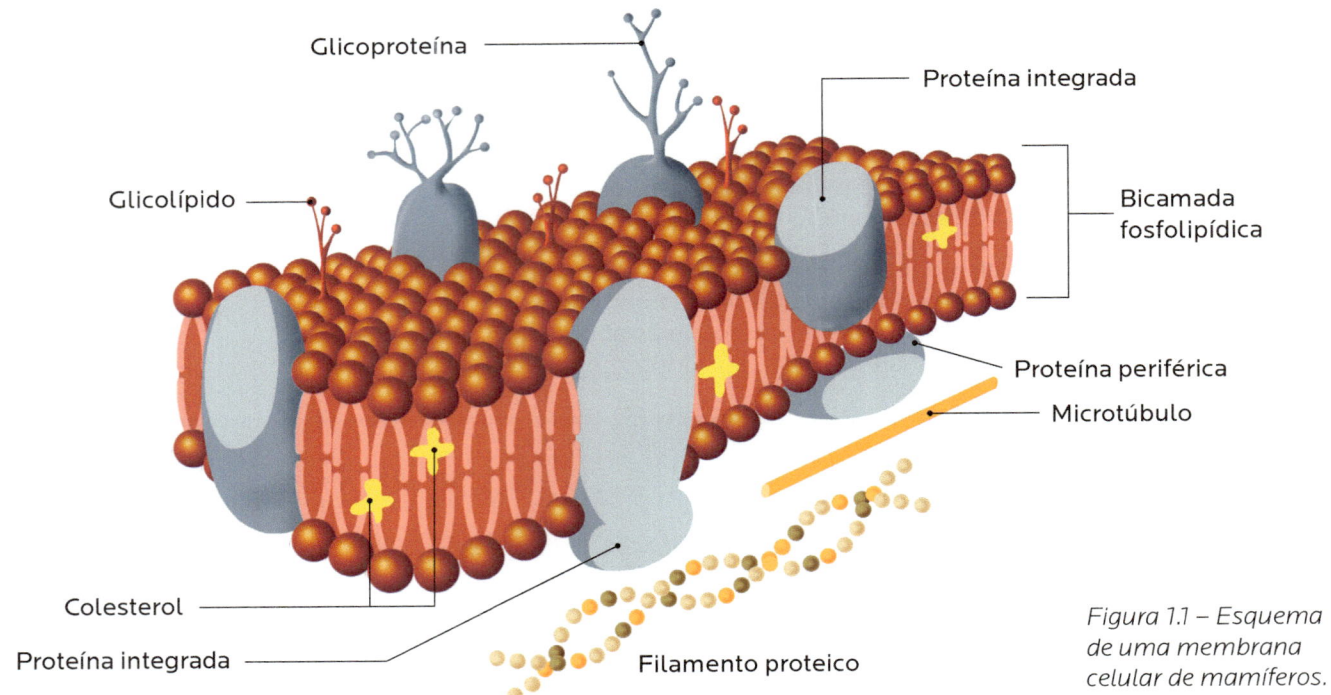

Figura 1.1 – Esquema de uma membrana celular de mamíferos.

DIFUSÃO PASSIVA

Uma droga pode atravessar as membranas por meio de diferentes mecanismos. A difusão passiva é a forma de transporte mais comum e consiste da passagem do local de maior concentração para o de menor concentração. Alguns fatores influenciam a difusão passiva, os quais serão descritos a seguir.

a) Coeficiente de partição lipídeo/água

O coeficiente de partição lipídeo/água é a medida da razão entre a lipossolubilidade da droga e a sua solubilidade em água, ou seja, expressa quão solúvel a droga é em lipídeo e em água. Uma droga com elevado coeficiente de partição (alta lipossolubilidade) penetra facilmente na fase lipídica da membrana e passa para a fase aquosa do outro lado da membrana obedecendo a um **gradiente de concentração**.

No caso de compostos de baixo coeficiente de partição (baixa lipossolubilidade), poucas moléculas penetram a membrana, o que torna a velocidade de transporte menor. Por isso, para um fármaco atravessar de forma eficiente a membrana plasmática, ele deve possuir uma porção lipossolúvel e uma porção hidrossolúvel, para atingir a corrente sanguínea e os compartimentos extracelulares.

b) pH do meio e grau de ionização da molécula da droga

Os compostos ionizados encontram-se tão estabilizados por sua interação com a água que o movimento em uma fase lipídica se torna limitado. Já as moléculas insolúveis em água tendem a se agrupar, o que facilita a penetração na membrana.

Muitas drogas são ácidos fracos ou bases fracas e existem tanto na forma ionizada quanto na não ionizada, sendo que a razão entre essas duas formas varia de acordo com o grau de ionização da molécula (ácido ou base) e o pH do meio.

Assim, um ácido fraco, ao penetrar em um meio de pH ácido (rico em H⁺), para atingir o equilíbrio, tem sua reação deslocada no sentido de predominar a forma molecular (HA) ou não ionizada (reação de equilíbrio: $H^+ + A^- \rightleftharpoons HA$).

Já uma base fraca em meio ácido desloca o equilíbrio para a formação de íons OH- (reação de equilíbrio: $B^+ + OH^- \rightleftharpoons BOH$) em maior quantidade, reagindo com o H⁺ do meio. Essa mesma base fraca em meio básico (rico em OH⁻) desloca o equilíbrio da reação para a forma molecular ou não ionizada da base fraca (BOH), enquanto um ácido fraco nesse meio básico desloca o equilíbrio da reação para que sua forma iônica predomine (H⁺).

Como somente as formas moleculares são capazes de atravessar a membrana por difusão passiva, as drogas ácidas têm sua absorção favorecida em pH ácido, enquanto as drogas básicas são mais bem absorvidas em meio básico, pois nessas condições predominam as formas não ionizadas (ou moleculares) da droga.

Portanto, o pH do local de absorção e o pKa (constante de dissociação) da droga irão influenciar diretamente na sua velocidade de absorção. Por exemplo, o estômago tem um pH ácido. Assim, drogas ácidas, como a aspirina (pka ↗ 3,4), são mais bem absorvidas nesse ambiente (porque predomina a forma não ionizada), enquanto a codeína, de caráter básico, é mais bem absorvida no intestino, uma vez que se trata de um meio básico.

A Figura 1.2 traz o esquema de uma droga de caráter ácido (HA), administrada por via oral, atravessando a membrana celular que recobre a mucosa gástrica. Somente a forma não ionizada da droga (HA) atravessa passivamente essa membrana.

LEMBRETE

Droga de caráter ácido: mais bem absorvida em meio ácido (estômago).
Droga de caráter básico: mais bem absorvida em meio básico (intestino).

Figura 1.2 – Esquema da membrana celular no estômago e passagem da droga de caráter ácido na forma não ionizada (HA).

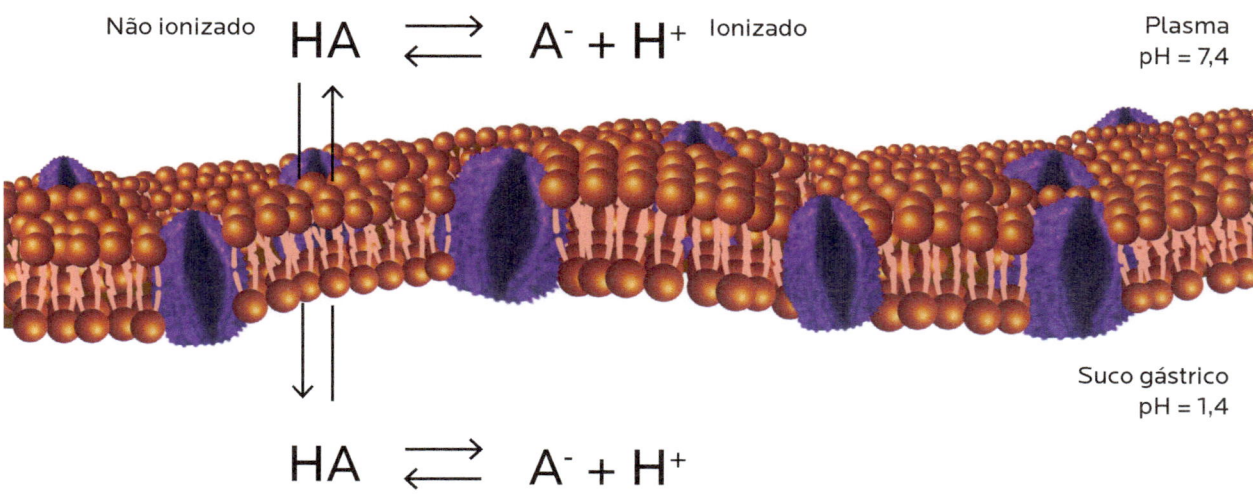

c) Tamanho da molécula e massa molecular

Quanto menor forem o tamanho da molécula e sua massa molecular, mais facilmente a droga atravessará as membranas plasmáticas.

Além da difusão passiva, a passagem da droga através das membranas pode ser feita por outro mecanismo, denominado **transporte facilitado**. Esse mecanismo não requer gasto de energia celular, já que as moléculas possuem uma energia cinética inerente que as move ao longo de seus gradientes de concentração (do mais concentrado para o menos concentrado). Entretanto, existe um carreador na membrana (proteína) responsável pela transferência da droga de um meio para o outro.

TRANSPORTE ATIVO

O **transporte ativo**, outro mecanismo de passagem da droga através das membranas das células, também se utiliza de um carreador (proteína). Entretanto, requer energia celular, pois o movimento de transporte é contra o gradiente eletroquímico (do menos concentrado para o mais concentrado).

OUTRAS FORMAS DE TRANSPORTE

Além da difusão passiva, do transporte facilitado e do transporte ativo, existem outras formas de passagem da droga no organismo:

Filtração – movimento dos líquidos por um diferencial de pressão através de fenestrações (orifícios) nas membranas e no endotélio vascular, pelos quais penetram drogas insolúveis de baixa massa molecular.

Endocitose – a droga é englobada e interiorizada pela célula. A fagocitose é o englobamento de partículas sólidas pela célula, e a pinocitose é o englobamento de líquidos.

Exocitose – a droga no interior da célula é envolvida em vesículas que se fundem com a membrana plasmática e descarregam o seu conteúdo para fora da célula.

DISTRIBUIÇÃO

LEMBRETE

É importante salientar que, embora didaticamente se faça uma divisão dos processos farmacocinéticos, eles ocorrem simultaneamente e de forma interligada no organismo.

Após uma droga alcançar a circulação sistêmica, ela é transportada para outras partes do organismo. Esse biotransporte pelo sangue e outros fluidos a todos os órgãos e sistemas é chamado de distribuição. Os princípios e fatores de que depende a absorção, como pH do meio, solubilidade da droga, dentre outros, também são aplicáveis à distribuição.

A droga transportada no sangue pode se encontrar na forma livre ou ligada às proteínas plasmáticas (Fig. 1.3). Em sua forma livre, ela é **farmacologicamente ativa,** pois é capaz de atravessar membranas biológicas e atingir os receptores-alvo. Ao contrário, quando ligada às

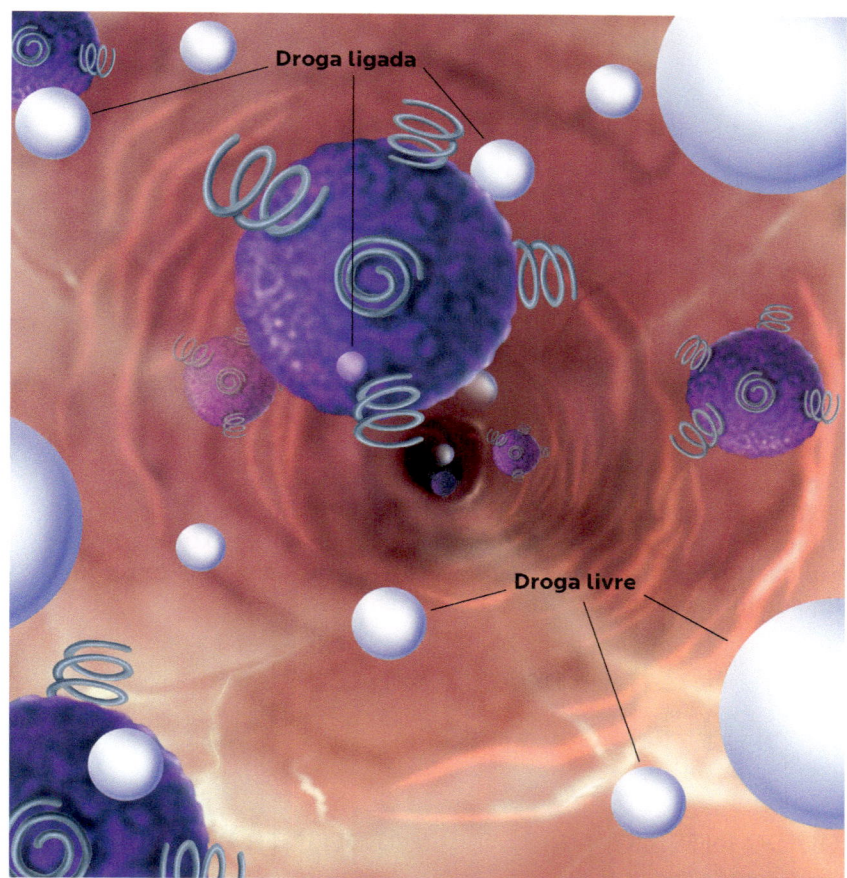

Figura 1.3 – Ilustração do interior de um vaso sanguíneo, mostrando frações da droga ligadas às proteínas plasmáticas e frações livres. Outros componentes do sangue foram omitidos para facilitar a compreensão da imagem.

proteínas plasmáticas, a droga é **farmacologicamente inativa,** e não pode sair da circulação sanguínea sem antes se "desligar" da albumina ou de outras proteínas do plasma.

Quase todas as drogas ligam-se parcialmente às proteínas plasmáticas de forma reversível, algumas em menor e outras em maior grau, enquanto são transportadas pela corrente sanguínea. Além dessa ligação às proteínas plasmáticas e aos tecidos (reservatórios), a velocidade, a sequência e a extensão da distribuição também dependem dos seguintes fatores:

- propriedades físico-químicas da droga – hidro ou lipossolubilidade, peso molecular (apresenta relação inversamente proporcional com a velocidade de transferência da droga);
- débito cardíaco e fluxos sanguíneos regionais – órgãos mais perfundidos apresentam maior distribuição;
- permeabilidade capilar;
- características anatômicas das membranas;
- gradientes elétricos (diferenças de concentração) e diferenças de pH entre os meios extra e intracelular.

As drogas não são distribuídas em quantidades iguais para todos os tecidos e órgãos no organismo. Os órgãos que recebem percentagens maiores do débito cardíaco total também recebem inicialmente percentagens maiores da droga absorvida (Fig. 1.4).

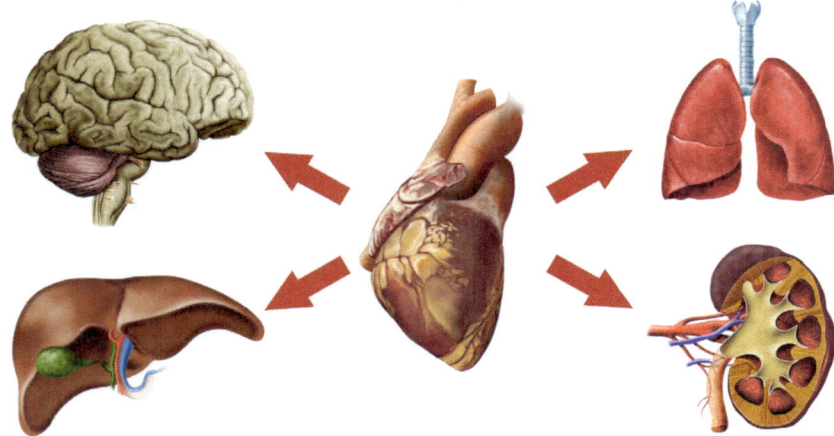

Figura 1.4 – A distribuição da droga ocorre inicialmente para os órgãos com maior grau de vascularização e perfusão sanguínea, como cérebro, rins, fígado e pulmões. A liberação aos músculos, à maioria das vísceras, à pele e aos tecidos adiposos é mais lenta.

A droga pode se distribuir pelo plasma, pelo líquido intersticial (extracelular) e pelo líquido intracelular (Fig. 1.5). Drogas lipofílicas difundem-se através da membrana capilar de forma extremamente rápida. De fato, a transferência é tão imediata que o equilíbrio com o líquido intersticial é praticamente instantâneo.

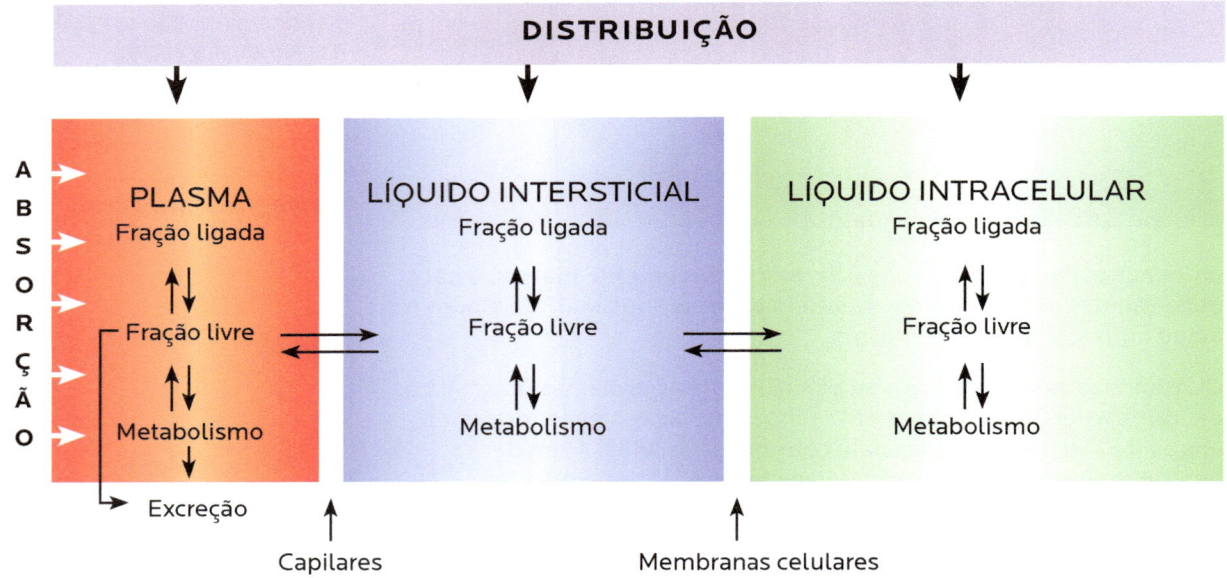

Figura 1.5 – Compartimentos de distribuição das drogas.

LIGAÇÃO ÀS PROTEÍNAS PLASMÁTICAS

A permanência temporária das drogas no organismo é influenciada significativamente pela ligação às proteínas e a outros componentes teciduais. As drogas diferem enormemente quanto à sua afinidade pelas proteínas plasmáticas, e a percentagem de ligação de agentes individuais varia de 0 a 100%.

Fármacos que apresentam alta taxa de ligação a proteínas plasmáticas (p. ex., diazepam, de 98 a 99%) são considerados mais potentes, pois possuem apenas uma pequena fração na forma livre e, mesmo assim, são capazes de produzir efeito. A administração de uma segunda dose desse tipo de fármaco pode acarretar um aumento inesperado do efeito, uma vez que praticamente toda a nova dose permanecerá na forma livre (visto que as proteínas plasmáticas estão praticamente saturadas pelas moléculas da primeira dose).

À medida que as moléculas livres da droga abandonam a circulação, uma porção da droga ligada dissocia-se, tornando-se disponível para transporte. Assim, a ligação entre droga e proteína em geral é **reversível**, embora algumas vezes possam ocorrer ligações covalentes de fármacos reativos, como os agentes alquilantes.

A reversibilidade da ligação faz com que as proteínas plasmáticas atuem como um tipo de reservatório provisório da droga, pois ela permanece ligada à proteína, não podendo naquele momento ser transportada para os tecidos (receptores). No entanto, quando houver diminuição na quantidade livre no sangue, essa droga ligada será liberada e transportada para dentro dos tecidos até chegar ao receptor.

Drogas ácidas se ligam principalmente à albumina (proteína predominante no plasma), enquanto drogas básicas se ligam principalmente à glicoproteína alfa-1 ácida. Outras globulinas e lipoproteínas desempenham papéis mais limitados nesse tipo de ligação.

A albumina contém cerca de 200 grupos funcionais e é capaz de se ligar, concomitantemente, a várias substâncias diferentes. A combinação de drogas à proteína forma um complexo droga-proteína semelhante ao complexo droga-receptor, regido pela **lei de ação das massas**.

Uma redução na concentração de albumina decorrente de doenças hepáticas, desnutrição grave ou síndrome nefrótica, por exemplo, pode causar uma alteração farmacocinética das drogas fortemente ligadas à albumina. Como o número de locais de ligação é finito, a fração da droga ligada varia inversamente com sua concentração no plasma.

Em certas ocasiões, é necessário administrar fármacos em grandes **doses de ataque** para saturar os locais de ligação, como fator inicial para atingir concentrações terapêuticas no local de ação.

LIGAÇÃO AOS ÓRGÃOS-ALVO (TECIDOS)

Alguns fármacos se acumulam nos tecidos em concentrações mais altas dos que as detectadas nos líquidos extracelulares e no sangue (p. ex., anestésicos locais, que se acumulam nos tecidos adiposos). Esse acúmulo pode ser atribuído ao transporte ativo ou, mais comumente, à ligação tecidual e à solubilidade das moléculas. A afinidade da droga por um determinado tecido é conhecida com **farmacopexia**.

A associação entre drogas e elementos teciduais algumas vezes é tão estável que pode ser tratada ou considerada como **forma de armazenamento**.

A Tabela 1.3 traz os principais órgãos ou tecidos que servem como local de armazenamento de drogas.

> **LEMBRETE**
>
> Drogas ácidas se ligam principalmente à albumina. Drogas básicas se ligam principalmente à glicoproteína alfa-1 ácida.

TABELA 1.3 – Principais tecidos nos quais podem ser armazenadas moléculas de drogas ou substâncias químicas

ÓRGÃOS-ALVO	DROGAS/SUBSTÂNCIAS QUÍMICAS
Tecido adiposo	Tiopental, organofosforados, fentanila
Tecido muscular	Fentanila
Tecidos mineralizados	Fluoreto, chumbo, tetraciclina
Trato gastrintestinal	Guanetidina e outros compostos de amônia quaternária
Fígado	Antimaláricos (cloroquina, quinacrina)
Rins	Metais pesados (mercúrio e bismuto)

DISTRIBUIÇÃO NOS COMPARTIMENTOS ESPECIAIS

Apesar da distribuição relativamente fácil das drogas no organismo, há locais em que a penetração é mais difícil. Tais locais, considerados compartimentos especiais, são descritos a seguir.

a) Barreira hematencefálica

A função primordial da barreira hematencefálica é proteger o sistema nervoso central (SNC) de substâncias "estranhas". Em contraste com a maioria dos capilares, as células endoteliais do SNC são unidas entre si por zônulas de oclusão (células justapostas) e cobertas por um invólucro celular (camada de astrócitos), deixando passar apenas drogas lipossolúveis (ou hidrossolúveis que tenham tamanho molecular muito pequeno).

Os fármacos com alto coeficiente de partição lipídeo/água, apolares e com pequena massa (e tamanho) molecular podem rapidamente atingir os tecidos encefálicos, enquanto drogas polares, ionizadas e de grande massa molecular (e tamanho) tendem a ser impedidas.

b) "Barreira" placentária

Representa um conjunto de tecidos localizados entre a circulação materna e a fetal. Em geral, todas as drogas que são distribuídas por difusão passiva para os órgãos e sistemas da mãe também são distribuídas para o feto; a diferença é que o sistema placentário apenas retarda a passagem de drogas da circulação da mãe para o feto (é mais lenta). Portanto, o termo "barreira" é considerado impróprio para se referir ao sistema placentário com um bloqueador para a passagem da droga, mas é verdadeiro para a barreira hematencefálica.

Os requisitos para a travessia por essa barreira biológica são os mesmos da barreira hematoencefálica: lipossolubilidade, não polaridade e pequena massa molecular. Substâncias como antibióticos, anestésicos, álcool etílico e certas drogas ilícitas podem atravessar a barreira placentária e chegar aos tecidos fetais.

> **ATENÇÃO**
>
> A permeabilidade capilar no cérebro costuma aumentar em casos de inflamação. Essa característica torna favorável a penetração de antimicrobianos no SNC, por exemplo, para o tratamento de meningites bacterianas, o que não seria possível com a barreira hematencefálica em condições de normalidade.

c) Compartimento salivar (secreção de drogas)

Drogas lipossolúveis e de pequeno tamanho e massa molecular conseguem penetrar no compartimento salivar, estabelecendo uma relação entre o plasma e a saliva. Nesse caso, o pH também exerce influência substancial na distribuição da droga para o compartimento salivar. Como o plasma é mais básico do que a saliva, nesta haverá maior concentração de drogas básicas e menor concentração de drogas ácidas.

A determinação de drogas no fluido salivar constitui uma **medida não invasiva da concentração plasmática livre da droga** (já que a fração ligada às proteínas não atravessa membranas), o que tem tornado viável, muitas vezes, a substituição da análise sérica (no sangue) pela salivar, suprindo as desvantagens de ônus, tempo, cooperação do indivíduo e condições de assepsia para coleta do sangue.

LEMBRETE

Os fármacos lipossolúveis (p. ex., diazepam) e de tamanho muito pequeno (p. ex., etanol) não encontram dificuldade em estabelecer um equilíbrio entre o plasma e a saliva.

As formas de penetração da droga nos fluidos orais são as seguintes:

- difusão passiva – células alveolares e ductais das glândulas salivares;
- difusão passiva – epitélio oral;
- fluxo de massa – fluido gengival.

VOLUME DE DISTRIBUIÇÃO

O volume de distribuição (Vd) é um indicador útil de como as drogas se difundem entre os vários compartimentos corporais. É importante saber que as drogas não se distribuem de maneira igual em todo o corpo. Embora as substâncias lipofílicas tenham tendência a penetrar em todos os compartimentos (desde que apresentem certo grau de hidrossolubilidade), as substâncias hidrossolúveis sofrem uma difusão mais restrita.

O volume de distribuição pode ser calculado da seguinte forma: Vd = Q / C, em que Q é a quantidade de droga administrada e C é a concentração plasmática da droga em equilíbrio.

O Vd não se refere necessariamente a um volume fisiológico real, mas simplesmente ao volume de líquido que seria necessário para conter todo o fármaco presente no corpo, na mesma concentração encontrada no sangue ou plasma.

Existem algumas drogas que possuem valores calculados de Vd fora do padrão esperado. Drogas que são sequestradas para dentro das células (ligação tecidual) apresentam uma diminuição em suas concentrações plasmáticas, o que aumenta o valor de Vd. Esse processo é chamado **Vd aparente**.

Vd aparente

Indica o volume no qual o fármaco teria de se dissolver para que sua concentração fosse igual à dose administrada. Indica, ainda, que a droga possui alguma afinidade por tecidos ou por proteínas plasmáticas.

REDISTRIBUIÇÃO

A cessação do efeito farmacológico depois da interrupção de uso de uma droga em geral ocorre por metabolismo e excreção, mas também pode ser causada pela redistribuição do fármaco de seu local de ação para outros tecidos ou locais pelos quais a droga tenha afinidade, como tecido adiposo (p. ex., anestésicos gerais) ou tecido ósseo (p. ex., flúor).

BIOTRANSFORMAÇÃO

Depois que a droga é absorvida e distribuída para outras partes do organismo, geralmente é submetida a um processo de metabolização, também chamado de biotransformação. Trata-se de mais uma etapa farmacocinética na qual há a conversão da droga, por meio de reações químicas e geralmente mediadas por enzimas, em um composto diferente do originalmente administrado, na maioria das vezes inativo farmacologicamente.

O **fígado** é o órgão primário responsável pela biotransformação das drogas. No entanto, outros tecidos também podem participar desse processo: pulmões (agentes voláteis e gasosos), rins, pele, córtex suprarrenal, cérebro, plasma, hemácias e intestinos.

Considerando que a droga lipossolúvel tem dificuldade para ser excretada pelo organismo por causa de sua afinidade pelas estruturas celulares, um dos objetivos da biotransformação é convertê-la em um composto hidrossolúvel (polar), passível de excreção. Nesse caso, a biotransformação relaciona-se com um processo de eliminação.

Todavia, há casos em que a biotransformação de uma droga pode convertê-la em um metabólito biologicamente ativo. Nessa circunstância, a droga originalmente administrada recebe o nome de **pró-droga.** Um exemplo clássico é a codeína, que, ao sofrer metabolização no fígado, transforma-se em uma droga mais ativa, a morfina – analgésico opioide utilizado no tratamento da dor de maior intensidade.

De modo geral, os possíveis resultados da biotransformação hepática estão listados na Figura 1.6.

O metabolismo das drogas pode ser classificado de acordo com os tipos de reações envolvidas. As principais reações de biotransformação podem ser classificadas e subcategorizadas conforme apresentado no Quadro 1.1.

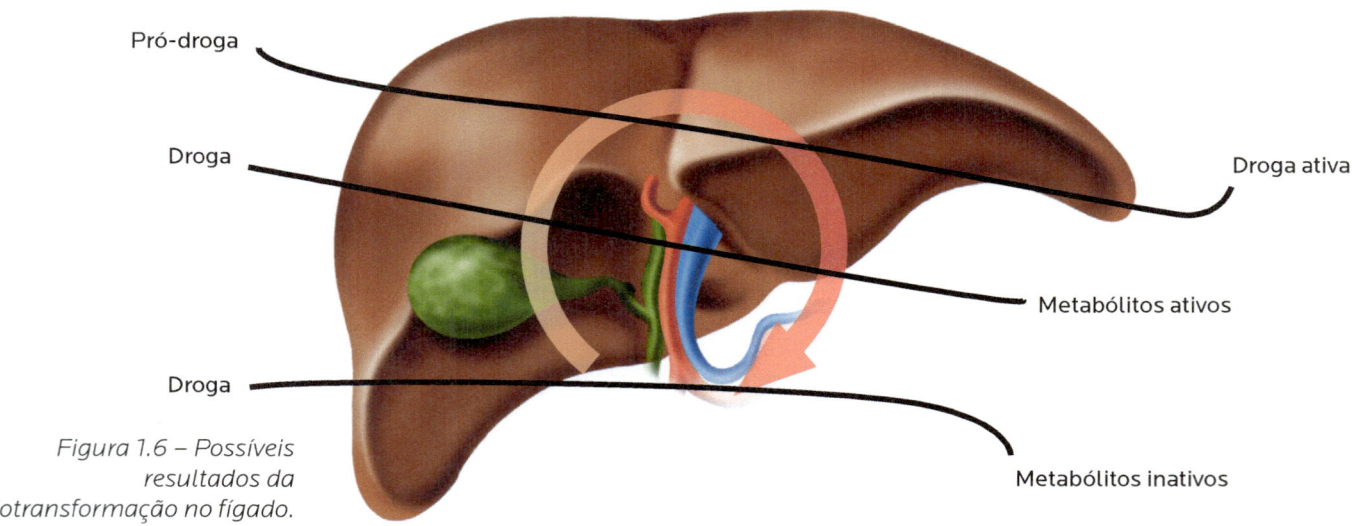

Figura 1.6 – Possíveis resultados da biotransformação no fígado.

QUADRO 1.1 – Classificação das principais reações de biotransformação

Reações de fase I (reações não sintéticas)	Oxidação: envolve a adição de oxigênio (radical de carga negativa) ou a remoção de um hidrogênio (radical de carga positiva). Constitui a reação mais importante do metabolismo de drogas.
	Exemplos: ácido acetilsalicílico, quinolonas.
	Redução: ação oposta à oxidação. Corresponde à retirada de um átomo de oxigênio ou à adição de um hidrogênio.
	Exemplos: cloranfenicol, hidrato de cloral, halotano.
	Hidrólise: clivagem da molécula da droga por meio da remoção de uma molécula de água.
	Exemplo: meperidina.
Reações de fase II (reações sintéticas)	Conjugação com glicuronídeo: reação de síntese mais importante. Os compostos com grupo hidroxila ou ácido carboxílico são facilmente conjugados com ácido glicurônico, que provém da glicose.
	Exemplos: cloranfenicol, ácido acetilsalicílico e morfina.
	Acetilação: Compostos com radicais de aminas ou hidrazina são conjugados com auxílio da acetilcoenzima A. As acetiltransferases são controladas por fatores genéticos.
	Exemplos: sulfonamidas, isoniazida e hidralazina.
	Metilação: as aminas e os fenóis podem ser metilados, com a metionina e a cisteína atuando como doadores de metila.
	Exemplos: epinefrina, histamina e ácido nicotínico.

Nas reações de fase I, o aumento da hidrossolubilidade ocorre pela incorporação de grupos químicos polares, como hidroxila (OH) e carboxila (COOH).

Nas reações da fase II, ocorre a combinação da droga com um composto orgânico. Juntos, estes formam um produto altamente polar chamado **conjugado**. Normalmente, essas reações têm por objetivo a conversão da molécula da droga em metabólitos mais hidrossolúveis, de maior tamanho e massa molecular, que são mais facilmente excretados do que a molécula original.

LEMBRETE

É importante considerar que as reações de fase II podem ocorrer sem ter havido, necessariamente, reações de fase I prévias.

SISTEMAS ENZIMÁTICOS

Como mencionado anteriormente, os sistemas enzimáticos mais importantes para a biotransformação de substâncias exógenas estão localizados no fígado, sendo mais significativos os do sistema microssomal (citocromos P450, mono-oxigenases e glicuroniltransferase).

As enzimas microssomais catalisam a maioria das reações de oxidação, redução, hidrólise e conjugação.

Um sistema enzimático que merece destaque é o dos citocromos P450 (CYP450). Nos seres humanos, esses citocromos fazem parte de uma família ampla e diversificada de hemoproteínas (isoenzimas) – principalmente das famílias CYP3A e CYP2D –, primariamente ancorados à bicamada lipídica do retículo endoplasmático liso dos hepatócitos. Participam da biotransformação da droga, com papel significativo no processo de oxidação microssomal.

METABOLISMO DE PRIMEIRA PASSAGEM

Também conhecido como eliminação pré-sistêmica, o metabolismo de primeira passagem é um fenômeno do metabolismo da droga em que a concentração administrada é significativamente reduzida pelo fígado antes de atingir a circulação sistêmica.

Todas as drogas administradas por via oral são expostas às enzimas metabolizadoras na parede intestinal e no fígado. A extensão do metabolismo pré-sistêmico difere de acordo com o tipo de droga e constitui um importante determinante da biodisponibilidade.

Outros tecidos, como pele e pulmões, podem exibir metabolismo de primeira passagem, relativamente em menor grau do que o fígado.

EXCREÇÃO

Excreção

Processo farmacocinético que resulta na remoção da droga e de seus metabólitos do organismo.

Depois que a droga é absorvida, distribuída e biotransformada (metabolizada), o passo seguinte é a excreção ou eliminação para o meio externo.

As principais vias pelas quais a droga deixa o organismo são os rins, a bile, os pulmões, a lágrima, a saliva, o suor e o leite materno, as quais serão descritas a seguir.

EXCREÇÃO RENAL

A principal forma de eliminação das drogas e seus metabólitos do organismo é pelos rins, especialmente as polares ou pouco lipossolúveis em pH fisiológico. De modo geral, podem-se considerar três etapas no processo de excreção renal: filtração glomerular, reabsorção tubular e secreção tubular ativa.

a) Filtração glomerular

A filtração glomerular consiste na passagem do fluido do sangue para o lúmen dos néfrons (unidade funcional do rim) e, posteriormente, para os túbulos renais. Apenas moléculas de droga com peso molecular menor que 20.000 dáltons atingem o filtrado glomerular. Portanto, drogas ligadas à albumina (proteína plasmática cujo peso molecular está em torno de 68.000 dáltons) não são filtradas e permanecem na corrente sanguínea. Nessa etapa, a lipossolubilidade e o pH não influenciam na passagem, mas o tamanho molecular, a massa molecular e o grau de ligação proteica exercem papel significativo.

b) Reabsorção tubular

Após a filtração glomerular, uma parte do que foi filtrado também pode ser reabsorvida nos túbulos renais de volta para o sangue.

Ocorre transporte ativo de sódio (Na⁺) por uma bomba de alta capacidade de volta para a corrente sanguínea **(reabsorção ativa)**, enquanto os ânions (p. ex., Cl⁻), a água e drogas lipossolúveis seguem passivamente **(reabsorção passiva)**, por diferenças nos gradientes eletroquímicos.

Neste último caso, o pH do meio influencia o grau de reabsorção da droga, pois a predominância da forma molecular ou ionizada de acordo com o pH do meio dita o padrão de absorção através do epitélio tubular. Assim, drogas de caráter básico são mais bem excretadas em urina (que tem pH ligeiramente ácido, entre 5 e 6); o contrário também é válido, ou seja, drogas de caráter ácido são favorecidas na excreção em urina alcalinizada.

c) Secreção tubular ativa

É o processo no qual algumas substâncias que não foram transferidas para o filtrado glomerular são secretadas por transporte ativo (H⁺, NH4⁺, ureia e certas drogas). A secreção tubular ativa não é afetada pelo teor de ligação às proteínas plasmáticas; trata-se de um transporte mediado por carreadores que apresenta alta velocidade, podendo ser saturável.

PARA PENSAR

A influência do pH sobre a excreção das drogas pode ser utilizada com vantagem clínica. Por exemplo, na intoxicação com aspirina (medicamento de caráter ácido), esta pode ser eliminada pela administração sistêmica de bicarbonato de sódio (que alcaliniza a urina), pois dessa forma o fármaco predomina na sua forma mais ionizada (hidrossolúvel), facilitando a excreção, uma vez que não é reabsorvido.

LEMBRETE

O mecanismo de secreção tubular geralmente é incompleto no recém-nascido, o que pode resultar na retenção de certas drogas no organismo, causando toxicidade.

MEIA-VIDA DE ELIMINAÇÃO

O conceito de meia-vida refere-se ao tempo gasto para que a concentração plasmática original de uma droga no organismo se reduza à metade após sua administração. Diversos fatores podem prolongar a meia-vida de uma droga, como falência do fígado ou dos rins, idade avançada, dentre outros. A Figura 1.7 representa a concentração de uma droga, em µg/mL, ao longo do tempo.

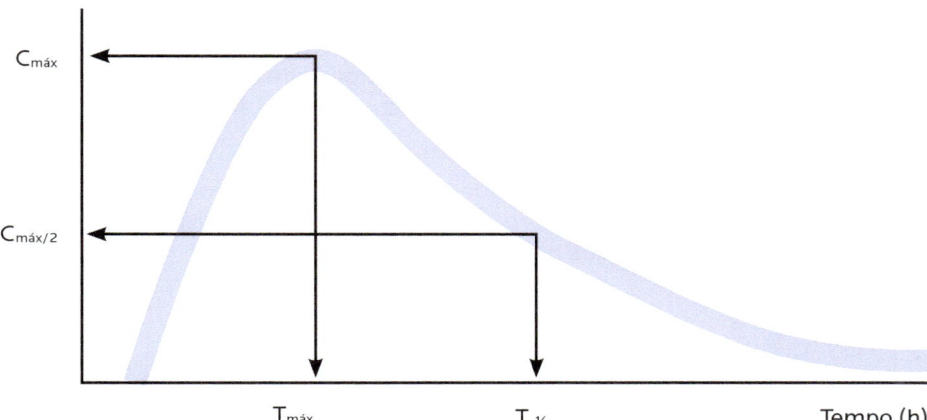

Figura 1.7 – Variação da concentração de uma droga (em µg/mL) ao longo do tempo. Verifica-se que é necessário um tempo ($T_{máx}$) para que a droga atinja a concentração máxima no plasma ($C_{máx}$). A meia-vida de eliminação ($T_{½}$) é o tempo decorrido até que a $C_{máx}$ seja reduzida a 50%.

DEPURAÇÃO (CLEARANCE)

A depuração ou *clearance* (CL) global representa a quantidade de droga removida dos rins em uma unidade de tempo. É um parâmetro farmacocinético muito importante, que relaciona a velocidade de eliminação de uma droga à sua concentração plasmática. O CL pode ser calculado da seguinte forma:

$$CL = \frac{U \times V}{P}$$

Em que:
U = concentração da droga na urina
V = volume de urina produzido por minuto
P = concentração plasmática da droga

LEMBRETE

A taxa de secreção renal varia de acordo com a droga administrada. Por exemplo, a penicilina é quase completamente excretada na primeira passagem pelos rins; o diazepam, por sua vez, é excretado muito lentamente.

Exemplos de CL: etanol (1 mL/min), ureia (67 mL/min) e penicilina G (550 a 900 mL/min).

EXCREÇÃO BILIAR

A excreção biliar é outra via de eliminação das drogas, a qual ocorre por intermédio da bile (líquido excretado pelo fígado com a função principal de emulsionar gorduras). O fígado é capaz de excretar ativamente drogas através da bile para o lúmen intestinal, onde podem ser reabsorvidas pelo ciclo êntero-hepático ou excretadas pelas fezes.

Os contraceptivos orais à base de estrogênio (etinilestradiol) são um exemplo clássico de excreção biliar e reabsorção pelo ciclo êntero-hepático, o que prorroga a ação anovulatória do anticoncepcional.

Ciclo êntero-hepático

Processo em que drogas ou substâncias excretadas pelo fígado são reabsorvidas pela mucosa intestinal e retornam ao fígado por meio da circulação portal, podendo prorrogar ou aumentar seu efeito farmacológico.

Por meio de transporte ativo, drogas com alto peso molecular e polaridade apresentam grande probabilidade de serem eliminadas pela bile.

EXCREÇÃO PULMONAR

Drogas voláteis (p. ex., anestésicos gerais) ou metabólitos voláteis são excretados pelos pulmões, independentemente da via de administração. Essa modalidade de excreção permite monitorar, por exemplo, a concentração final do anestésico volátil no ar expirado durante a anestesia geral.

Outro exemplo é o álcool etílico, que, por ser excretado em pequenas quantidades pelos pulmões, fornece um método não invasivo para estimar suas concentrações no organismo.

LÁGRIMA

A excreção pela lágrima ocorre por meio das glândulas lacrimais. Essa excreção é útil no tratamento de afecções oculares, mas apresenta pequena importância quantitativa na excreção de fármacos.

SALIVA

Na cavidade bucal, quando a droga é secretada com a saliva, é novamente reabsorvida e submete-se ao mesmo destino que substâncias administradas oralmente.

Por meio da excreção salivar, é possível determinar a concentração plasmática de certas drogas. A atropina, o flúor é o álcool etílico são exemplos de substâncias eliminadas pela saliva.

SUOR

A excreção pelo suor ocorre por meio das glândulas sudoríparas. O suor contém principalmente água, além de substâncias como ureia, ácido úrico e cloreto de sódio. A excreção é limitada pelo coeficiente de partição líquido/água. Exemplos de substâncias eliminadas por essa via são o álcool etílico e o flúor, entre outras.

LEITE MATERNO

O transporte de drogas do sangue para o leite materno ocorre pelos mesmos mecanismos existentes em membranas biológicas: difusão simples e transporte ativo.

Os anestésicos locais e a grande maioria dos medicamentos de uso odontológico são excretados em pequena quantidade para o leite materno e não parecem afetar o lactente quando empregados em doses terapêuticas.

O diazepam pode se acumular no leite materno caso seja empregado de forma contínua, causando letargia e perda de peso nos nutrizes, o que geralmente não acontece quando administrado em dose única e de forma eventual, como acontece na clínica odontológica.

As penicilinas, que são os antibióticos mais empregados em odontologia, são excretadas no leite materno em baixas concentrações. Embora não tenha sido descrito nenhum efeito adverso, três problemas potenciais existem para a criança em aleitamento materno: modificação da microbiota bucal e intestinal, podendo predispor à candidíase ou à diarreia; sensibilização e alergia; e interferência com a interpretação do resultado de culturas, se for necessário investigar um quadro febril.

O metronidazol também é excretado para o leite materno, só que em maiores concentrações. O uso de doses baixas por tempo restrito (3 a 4 dias) parece ser compatível com o aleitamento materno. Recomenda-se a avaliação do risco/benefício do uso do metronidazol em conjunto com o médico pediatra da criança.

FARMACODINÂMICA: COMO AGEM OS FÁRMACOS

A maior parte das interações entre os fármacos e o organismo ocorre diretamente sobre as células dos tecidos. Portanto, para que ocorra alguma mudança fisiológica, é necessário que o fármaco se "comunique" com a célula. Essa comunicação se dá usualmente por meio de estruturas celulares bem definidas denominadas **receptores**.

O estudo da interação das células e tecidos com os fármacos é chamado de **farmacodinâmica**. Assim, neste tópico trataremos dos mecanismos de ação dos fármacos e seus efeitos no organismo.

AÇÃO E EFEITO

LEMBRETE

É importante entender que os efeitos provocados por fármacos não induzem novas funções fisiológicas ou novas reações químicas no organismo, mas simplesmente ativam aquelas que já existem.

Embora comumente utilizados como sinônimos, a ação e o efeito de um fármaco são conceitos distintos. Enquanto a ação diz respeito ao local onde o fármaco se liga para alterar fisiologicamente a célula, o efeito é a consequência da ação ou a alteração do tecido/organismo em razão dessa ligação.

Por exemplo, a epinefrina (também chamada adrenalina), agente vasoconstritor que é incorporado a algumas das soluções anestésicas de uso odontológico, deve chegar ao local onde sua ação é desejada (por meio dos mecanismos farmacocinéticos), ligar-se ao local de ação (receptor) e promover seu efeito (vasoconstrição).

Embora a maior parte dos efeitos seja derivada da ação de fármacos em receptores, existem aqueles que são decorrentes da interação do fármaco com as moléculas do tecido de forma **inespecífica**, ou seja, reações orgânicas que ocorrem sem a participação de uma estrutura celular diferenciada.

Um exemplo desse tipo de fármaco são os laxantes, os quais mobilizam água para o lúmen intestinal obedecendo a um gradiente osmótico, sem se ligar a nenhuma estrutura celular. Alguns agentes antissépticos, como a clorexidina, também são desse tipo, pois atuam desnaturando a célula bacteriana sem interagir com estruturas específicas.

RECEPTORES

Para que ocorra uma ação específica e, consequentemente, um efeito mais específico, os fármacos se associam a receptores, os quais são substâncias químicas organizadas que normalmente se encontram na superfície celular e apresentam algum local de ligação. Assim, a interação entre fármaco e receptor funciona como uma combinação do tipo chave-fechadura, a qual promove uma ligação altamente específica no sítio, alterando a molécula do receptor e o funcionamento da célula.

Várias substâncias intra e extracelulares, particularmente enzimas, moléculas transportadoras, canais iônicos, DNA, RNA, entre outras, são consideradas receptores. A característica principal para que a molécula seja considerada um receptor é ser capaz de se alterar em decorrência da ligação de uma substância específica e transmitir essa alteração induzindo atividade na célula-alvo.

Os receptores têm, na sua grande maioria, alta potência (exercem sua ação em concentrações muito pequenas) e alta especificidade biológica (existem apenas em órgãos-alvo). Existem cinco tipos básicos de receptores, os quais estão resumidos na Figura 1.8.

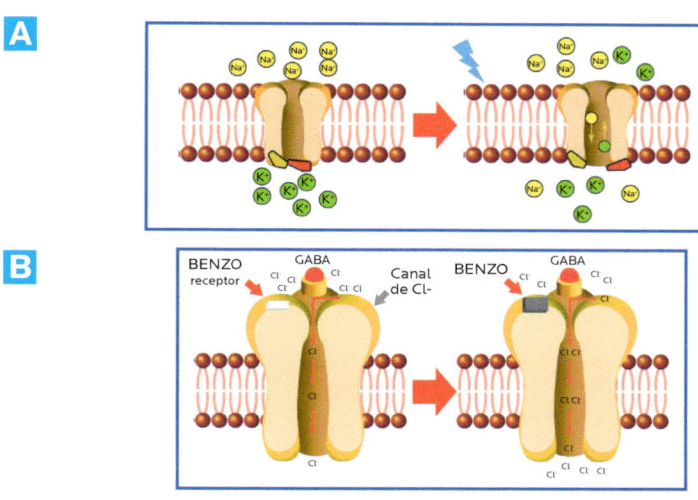

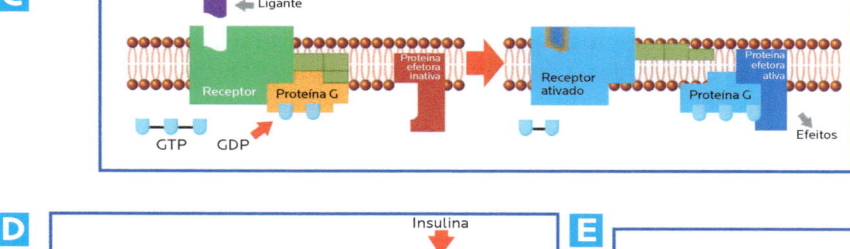

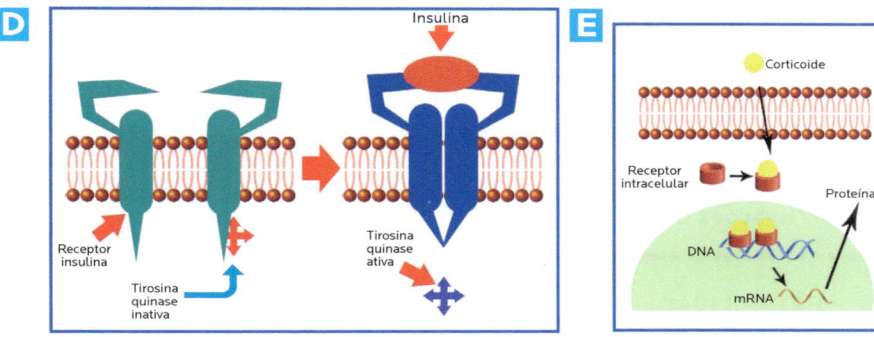

Figura 1.8 – Tipos de receptores (A) ligados a canais de íons acionados por voltagem específica. (B) ligados a canais de íons acionados por ligantes (benzo = benzodiazepínicos; gaba = ácido gama-aminobutírico). (C) associados a proteínas do tipo G. (D) associados a enzimas. (E) intracelulares.

Os **receptores ligados a canais de íons** são regulados por voltagem e se ativam por mecanismos de alteração na carga elétrica das membranas excitáveis. São importantes na condução de impulsos nervosos e estão diretamente implicados nos efeitos dos anestésicos locais utilizados em odontologia. Aqueles ligados a canais de íons e regulados por ligação específica de moléculas promovem alterações celulares como hiperpolarização ou despolarização.

Os **receptores associados à proteína G** são vários tipos diferentes de receptores ligados à membrana celular, os quais têm como característica comum ativar a proteína G, amplificando acentuadamente o sinal biológico.

Quando associados a uma enzima, os receptores também são chamados de **receptores catalíticos**. A ligação da molécula ativadora a esse receptor permite mudanças químicas que usualmente ativam outras enzimas intracelulares, induzindo mudanças fisiológicas.

Os **receptores intracelulares** se localizam no líquido intracelular ou no citoplasma da célula. Em virtude do caráter da membrana celular, substâncias lipofílicas tendem a atravessar essa estrutura mais facilmente. A ligação altera a conformação do receptor, o que leva aos efeitos intracelulares.

Existem também moléculas endógenas que têm sítios específicos para ligação, mas que não se alteram ou não geram efeitos biológicos visíveis, como a albumina, por exemplo. Estas são chamadas de **aceptores** e atuam como locais de armazenamento para os fármacos.

SUBSTÂNCIAS QUE SE LIGAM AOS RECEPTORES

> **ATENÇÃO**
>
> Mesmo pequenas modificações nas moléculas do receptor ou do seu ligante podem alterar de tal maneira a interação entre eles que o efeito pode não ocorrer. A especificidade da ligação é chamada de relação estrutura-atividade.

Como já foi discutido, os receptores são moléculas altamente especializadas e sensíveis à ligação com outras moléculas de maneira específica. As interações químicas entre os ligantes e os receptores podem ocorrer por meio de um ou mais dos diversos tipos de ligações químicas conhecidas, como ligações covalentes, iônicas, interação dipolos, pontes de hidrogênio ou van der Waals. A Tabela 1.4 mostra essas ligações e algumas de suas características.

Dentre as principais substâncias que podem interagir com os receptores estão as moléculas endógenas, como hormônios, neurotransmissores, enzimas, etc., as quais interagem com os receptores provocando os mais diversos efeitos no organismo. De maneira geral, os fármacos imitam a ação dessas substâncias quando se ligam aos mesmos receptores.

TABELA 1.4 – Características das ligações químicas

TIPO DE LIGAÇÃO	FORMAÇÃO	ESTABILIDADE	ENERGIA (KJ/MOL)	OCORRÊNCIA	ESQUEMA
Covalente	Compartilhamento de elétrons por um par de átomos	Muito estável e forte, forma complexos irreversíveis ou que dependem de ativação enzimática	250 a 500	Não comum	
Iônica	Atração eletrostática entre íons de carga oposta	Relativamente fracas	20	Muito comum	
Pontes de hidrogênio	Ocorre com átomos de H ligados covalentemente com F, N ou O associando-se a outros átomos de F, N ou O	Muito fraca	5	Comum quando o H está ligado a F, O e N	
Van der Waals	Átomos de moléculas diferentes em estreita proximidade, perturbando as nuvens de elétrons entre si	Muito fraca	0,5	Muito comum	

Seja oriunda de um fármaco ou uma substância endógena, a ligação tem de obedecer aos preceitos de especificidade quanto ao encaixe químico com o receptor. Muitas vezes a estereoespecificidade da ligação também é importante, sendo que muitos fármacos (betabloqueadores, alguns anti-inflamatórios, etc.) são misturas racêmicas, ou seja, misturas compostas por dois enantiômeros. Estes, embora sejam quimicamente idênticos, apresentam diferente configuração espacial da molécula.

Para entender esse conceito, observe a Figura 1.9. Ambas as mãos são praticamente idênticas, mas não podem ser perfeitamente superpostas. Agora, imagine um "receptor" que fosse ativado pela palma da mão esquerda. Como mostra a Figura 1.9 A, a palma da mão esquerda não se "encaixaria" no receptor e não o ativaria. Perceba que o mesmo acontece na Figura 1.9 B, pois, mesmo que se vire a molécula, não é possível encaixar o isômero D no receptor. Isso mostra como a estereoespecificidade pode ser importante para a interação entre um receptor e seu ligante.

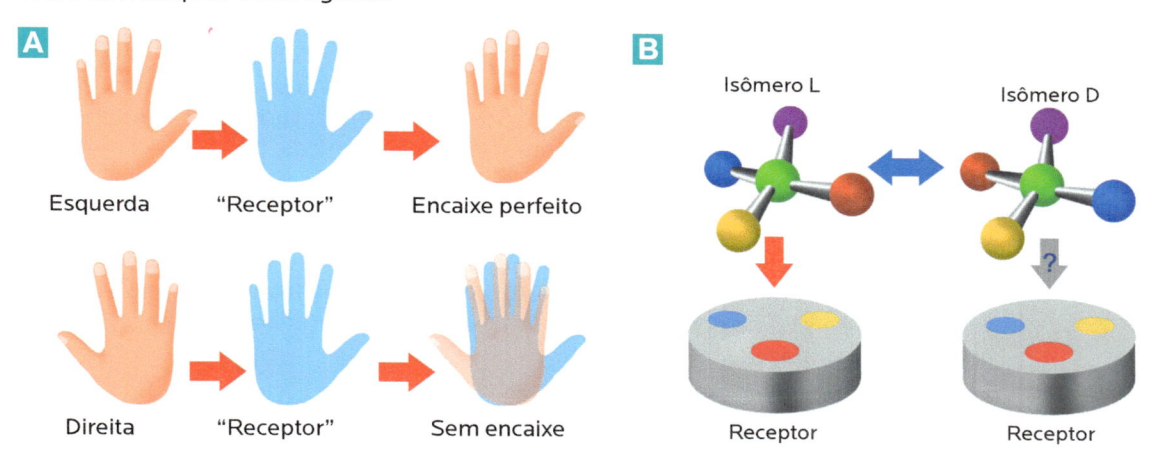

Figura 1.9 A-B – Especificidade de ligação entre o ligante e o receptor.

Existem alguns conceitos que ajudam a entender essa interação:

Afinidade – capacidade do ligante de estabelecer a ligação com o receptor. Entretanto, não necessariamente a ligação induz o efeito. Muitas moléculas têm alta afinidade pelo receptor, isto é, são capazes de se ligar fortemente, mas não necessariamente produzem efeitos. Assim, a afinidade trata apenas da força da ligação ao receptor e depende das propriedades químicas de ambas as moléculas.

Atividade intrínseca – capacidade de uma substância de realmente ativar ou mudar quimicamente o receptor, levando à formação de reações que desencadeiam os efeitos. Assim, para que ocorra o efeito, o ligante deve ter afinidade para se ligar ao receptor e atividade intrínseca para ativá-lo. Obviamente, várias substâncias podem ter diferentes afinidades e atividades intrínsecas em relação a um determinado receptor.

Agonistas – substâncias que se ligam aos receptores e provocam algum efeito, que pode ser total ou parcial.

Agonistas totais: ligantes que produzem o maior efeito possível, o qual não pode ser ultrapassado. Apresentam alta afinidade e alta atividade intrínseca.

Agonistas parciais – produzem algum efeito, mas sempre inferior ao efeito máximo, ou seja, apresentam alta afinidade (pois se ligam aos receptores), mas baixa atividade intrínseca.

Antagonistas – substâncias que se ligam a um receptor, mas não induzem nenhum efeito. Existem basicamente dois tipos de antagonistas, os competitivos e os não competitivos.

Antagonistas competitivos – ligam-se ao receptor, pois usualmente têm alta afinidade, mas atividade intrínseca nula. Entretanto, se a dose do agonista for aumentada suficientemente, ocorre o deslocamento do antagonista do receptor, e o efeito máximo pode ocorrer.

Antagonistas não competitivos – são irreversíveis, pois mesmo o aumento da dose do agonista não causa o deslocamento do antagonista, e não ocorre o efeito máximo. Também têm alta afinidade e atividade intrínseca nula.

Potência – dose necessária para produzir um efeito. Quanto menor a dose necessária para produzir o efeito, maior a potência do agonista. Embora bastante popular, o significado desse conceito é dúbio, pois a potência de um agonista é muito afetada pela sua farmacocinética. Assim, a maior dose pode ser necessária em virtude da má absorção, e não propriamente dos fatores farmacodinâmicos.

Eficácia – é o termo farmacologicamente mais adequado para o que se trata comumente como potência, pois diz respeito ao número de receptores necessários para uma determinada resposta máxima. Entretanto, esse conceito tem menor praticidade do que a "potência", pois não é possível saber com exatidão a quantidade de receptores ocupados.

Na Figura 1.10 A, note que a célula apresenta dois tipos de receptores, sendo um mais simples (em vermelho) e outro mais complexo (em azul). Na Figura 1.10 B, é possível observar que alguns agonistas (em vermelho) têm encaixe perfeito com os receptores, os quais sofrem mudanças (em verde). Pode-se dizer que esses agonistas teriam afinidade e atividade intrínseca, pois seriam capazes de se ligar e provocar alterações no receptor.

Os demais ligantes não seriam capazes de ativar o receptor, embora se liguem a ele. Portanto, esses ligantes poderiam ser antagonistas. Na Figura 1.10 C, é possível observar que uma mesma molécula poderia ser capaz de ativar mais de um tipo de receptor, induzindo muitas vezes efeitos distintos sobre grupos diferentes de células. Além disso, quando há ligação de um antagonista (losango laranja) ao receptor, não é possível a ligação do agonista, caso o antagonista não seja removido.

Para melhor entender a relação entre a estrutura das moléculas e a sua atividade, observe agora a Figura 1.11. A pequena diferença na estrutura das catecolaminas epinefrina (ou adrenalina) e norepinefrina (ou noradrenalina) pode promover a ativação ou não do receptor adrenérgico. A epinefrina é capaz de ativar os receptores do tipo alfa 1 e promover vasoconstrição. Pode também ativar aqueles do tipo beta 2 e promover vasodilatação. Entretanto, a norepinefrina, por sua diferença química com a epinefrina, não é capaz de ativar os receptores beta 2, mas ativa fortemente o receptor alfa 1.

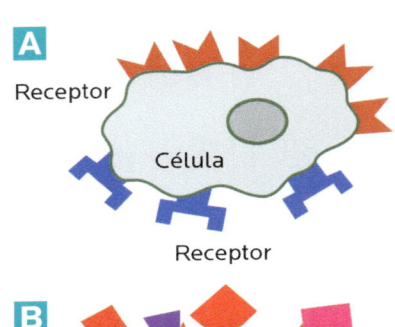

Figura 1.10 A-C – Representação gráfica de agonistas, antagonistas, afinidade e atividade intrínseca.

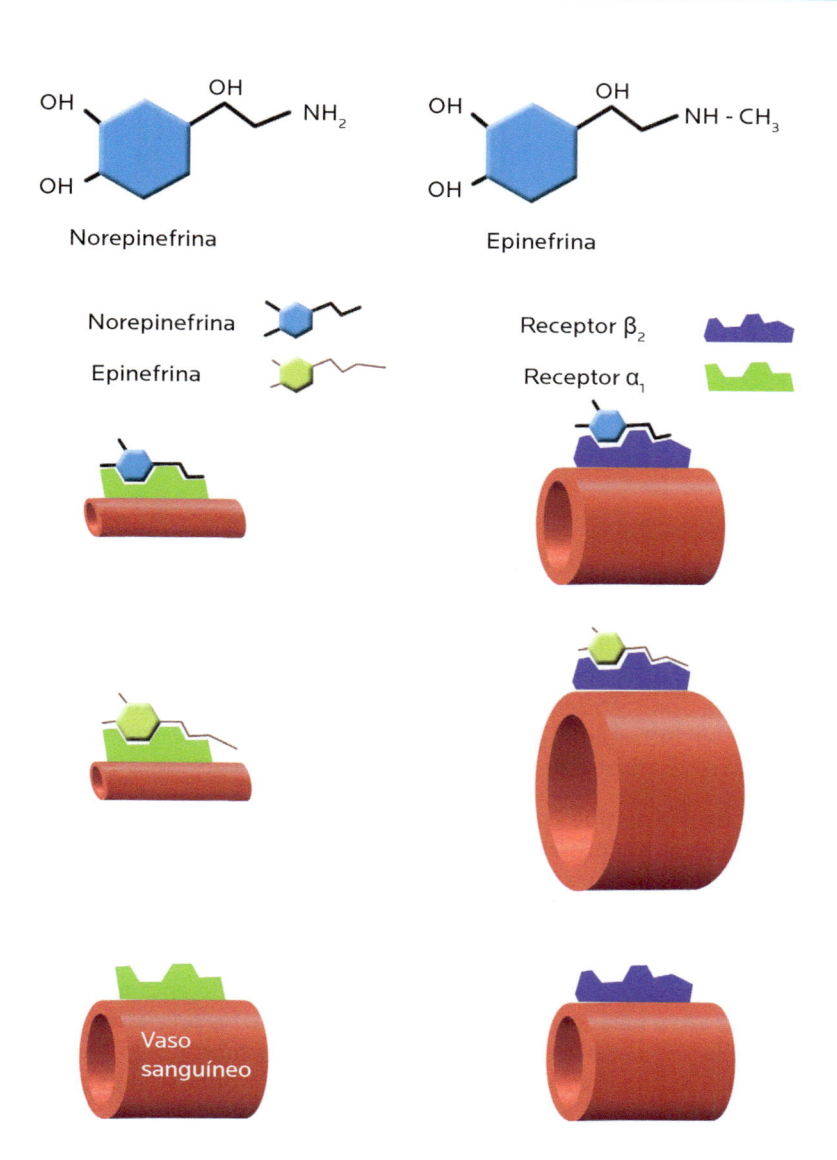

Figura 1.11 – Relação entre estrutura e atividade – norepinefrina e epinefrina.

RELAÇÃO DOSE-RESPOSTA

O efeito de um agonista é proporcional ao número de moléculas disponíveis para a ligação com o receptor. Quanto menor for o número de receptores necessários para que ocorra o efeito, mais eficaz será o agonista. A resposta ao agonista depende, entre outros fatores, da dose administrada.

O aumento da dose obviamente pode provocar aumento do efeito, até que este atinja seu máximo. Aumentos sucessivos podem, entretanto, induzir efeitos indesejáveis.

A Figura 1.12 mostra a representação gráfica da relação entre a dose do agonista e seu efeito. Como o efeito do agonista depende muitas vezes de doses muito altas para que o maior efeito possível seja observado (Fig. 1.12 A), usualmente a representação gráfica "dose *versus* efeito" é feita utilizando-se o logaritmo da dose (Fig. 1.12 B).

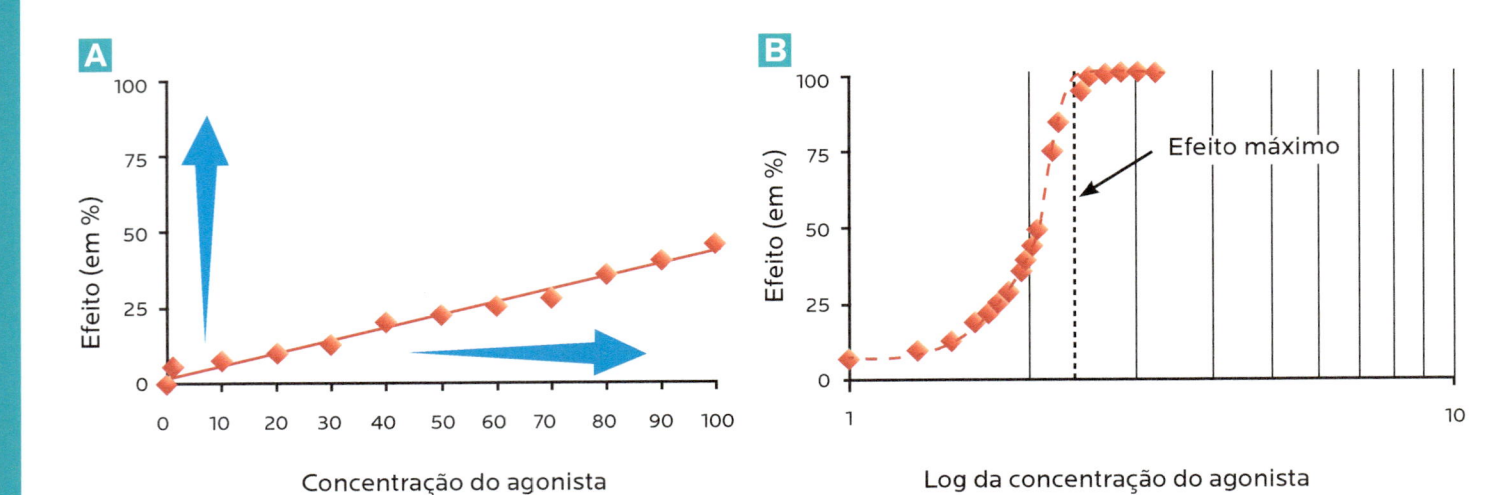

Figura 1.12 A-B – Relação entre dose e efeito de um agonista.

A Figura 1.13 mostra o perfil da relação entre dose e efeito de agonistas. A Figura 1.13 mostra que os agonistas A e B são do tipo agonista total, pois podem atingir o efeito máximo com o aumento da concentração. Entretanto, B é menos potente do que A, pois precisa de doses maiores para atingir o mesmo efeito observado em A.

Já o agonista C é do tipo parcial, pois não atinge o efeito máximo, mesmo em alta concentração. O antagonista tem atividade intrínseca nula e, portanto, não produzirá nenhum efeito, mesmo em grandes doses. Na realidade, a presença do antagonista é notada quando o agonista é administrado conjuntamente.

A Figura 1.14 mostra o efeito do agonista na presença do antagonista competitivo (A) e não competitivo (B). Observe que, no primeiro caso, o aumento da dose do agonista causa o aparecimento do efeito. Entretanto, a associação com o antagonista não competitivo não gera o efeito máximo, mesmo em doses maiores.

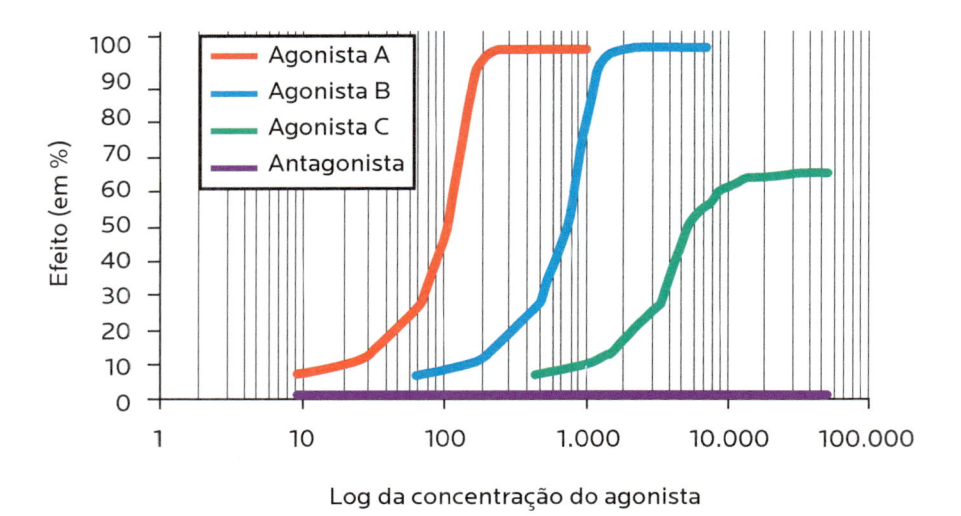

Figura 1.13 – Perfil da relação entre dose e resposta de agonistas.

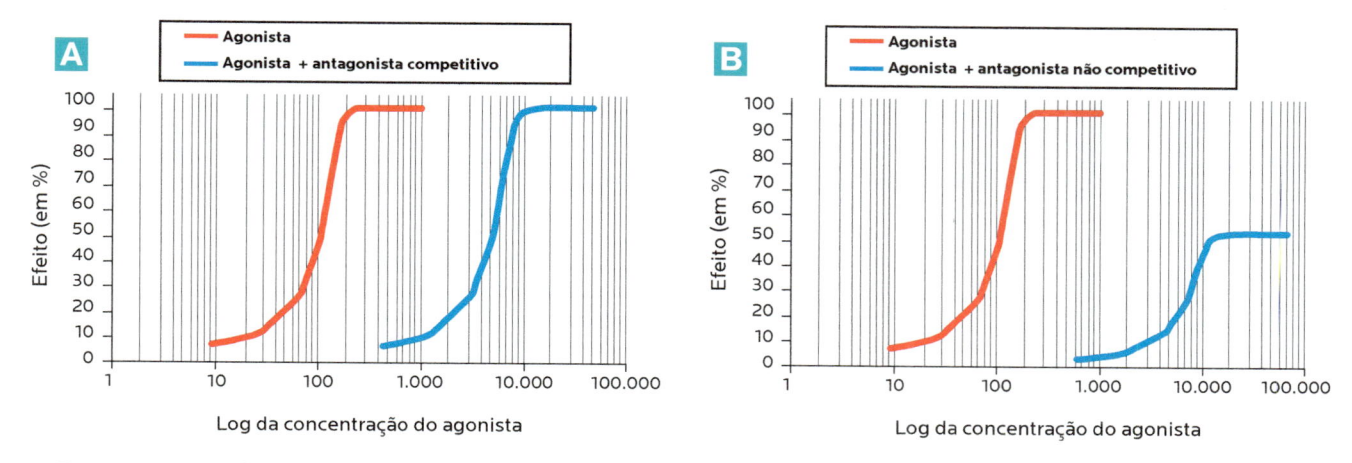

Figura 1.14 – Perfil do efeito de um agonista na presença de antagonistas competitivos (A) e não competitivos (B).

ÍNDICE TERAPÊUTICO

À medida que aumenta a dose de um agonista, o risco de efeitos indesejáveis também aumenta. Para efeito de segurança no uso de fármacos, o índice terapêutico é calculado pela relação entre as doses letal e terapêutica. De maneira geral, a dose de um fármaco é calculada para ser efetiva em pelo menos 50% dos indivíduos aos quais é administrada, sendo chamada, nesse caso, de DE50 (dose efetiva em 50%). Da mesma forma, a dose letal (DL50) é calculada como a dose que será letal para 50% dos indivíduos. Obviamente, esse parâmetro é estudado em ensaios com animais de laboratório.

A Figura 1.15 mostra a relação gráfica entre as doses efetiva, tóxica e letal de acordo com o número de indivíduos.

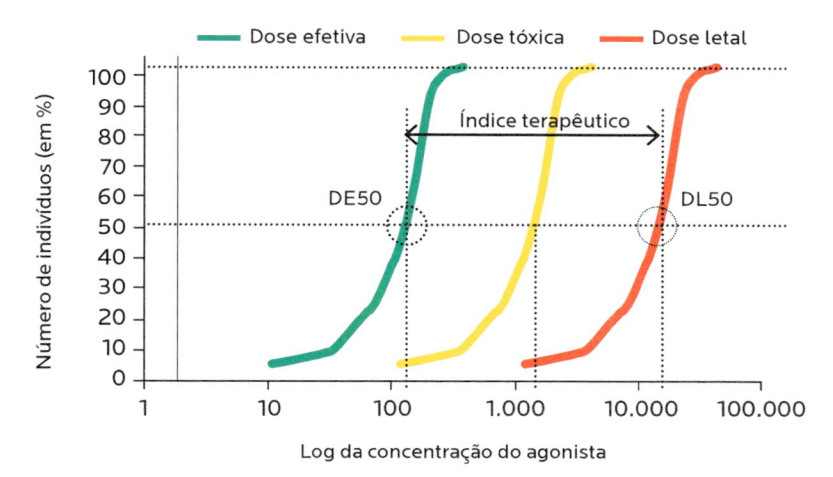

Figura 1.15 – O índice terapêutico é a relação entre a dose letal (DL_{50}) e a dose efetiva (DE_{50}).

O índice terapêutico (IT) é calculado pela seguinte relação matemática:

$$IT = \frac{DL50}{DE50}$$

Assim, quanto maior a dose letal ou menor a dose efetiva, maior será o IT e, consequentemente, maior a segurança clínica do fármaco.

FATORES QUE INTERFEREM NAS AÇÕES E NOS EFEITOS DOS FÁRMACOS

Diversos fatores como absorção, distribuição, biotransformação e excreção, podem afetar os processos farmacocinéticos e, por conseguinte, o efeito final de determinado fármaco. Dentre outras razões, indivíduos respondem de modo variado a fármacos em virtude de diferenças genéticas ou da ingestão simultânea de dois ou mais medicamentos que interagem entre si, ou ainda pela presença de afecções que alteram a fisiologia do organismo.

É importante considerar que as variáveis que modulam o efeito do fármaco podem estar relacionadas a aspectos tanto intrínsecos quanto extrínsecos ao organismo (Fig. 1.16). Uma breve descrição de cada aspecto será feita a seguir.

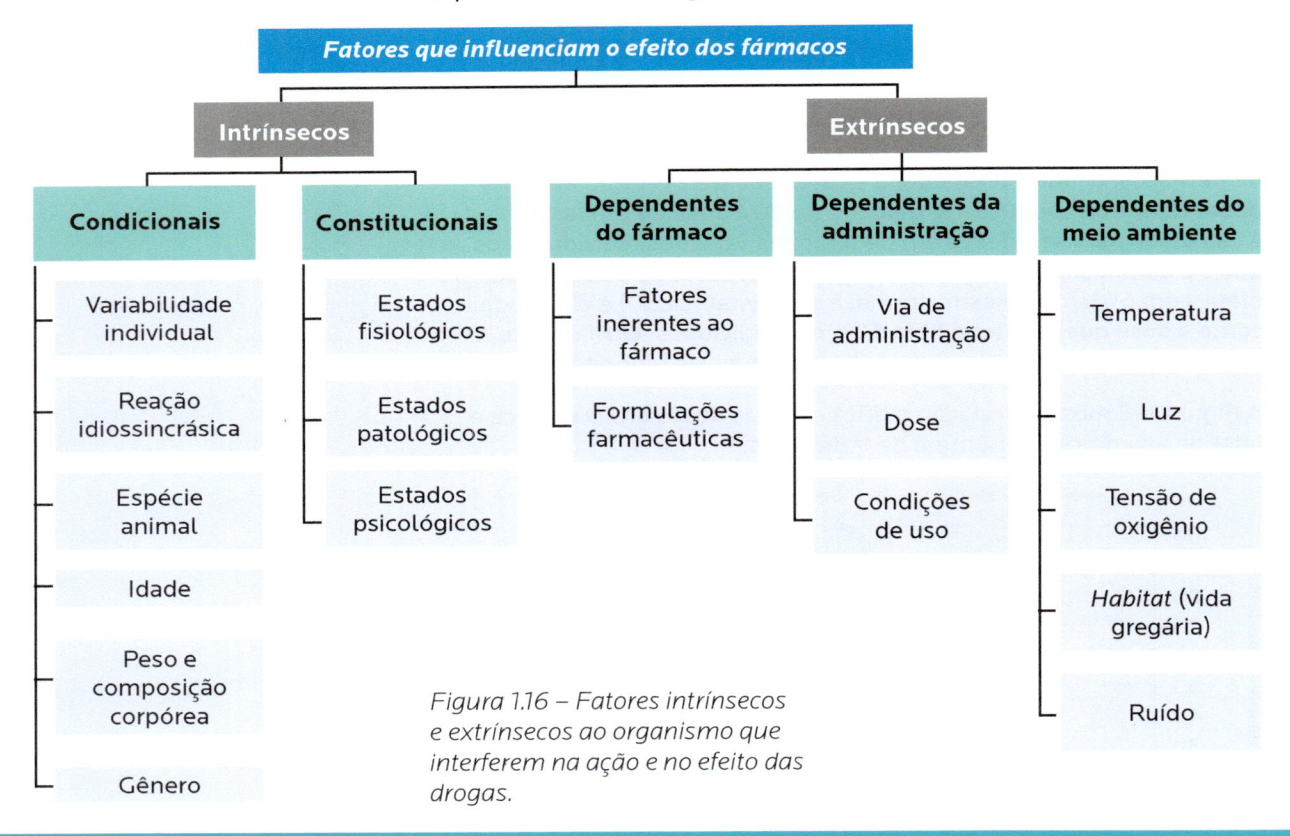

Fatores que influenciam o efeito dos fármacos

- **Intrínsecos**
  - **Condicionais**
    - Variabilidade individual
    - Reação idiossincrásica
    - Espécie animal
    - Idade
    - Peso e composição corpórea
    - Gênero
  - **Constitucionais**
    - Estados fisiológicos
    - Estados patológicos
    - Estados psicológicos
- **Extrínsecos**
  - **Dependentes do fármaco**
    - Fatores inerentes ao fármaco
    - Formulações farmacêuticas
  - **Dependentes da administração**
    - Via de administração
    - Dose
    - Condições de uso
  - **Dependentes do meio ambiente**
    - Temperatura
    - Luz
    - Tensão de oxigênio
    - *Habitat* (vida gregária)
    - Ruído

Figura 1.16 – Fatores intrínsecos e extrínsecos ao organismo que interferem na ação e no efeito das drogas.

FATORES INTRÍNSECOS

CONSTITUCIONAIS

Variabilidade individual – por causa da variabilidade genética e das consequentes diferenças nas proteínas sintetizadas (enzimas, receptores, etc.), mesmo em uma população homogênea, pertencente à mesma espécie, podem ser encontradas diferenças na resposta a fármacos entre os diversos indivíduos. Estudos de farmacogenética e farmacogenômica têm sido desenvolvidos a fim de direcionar a terapia medicamentosa com abordagens mais individualizadas. Por exemplo, a maioria dos indivíduos, ao receber anestesia local de lidocaína a 2% com epinefrina 1:100.000, apresenta anestesia de tecidos moles por aproximadamente 2,5 horas, enquanto alguns poucos podem permanecer anestesiados por 3,5 horas ou mais.

Reação idiossincrásica – efeito qualitativamente diferente e, em geral, nocivo do fármaco, que ocorre em uma pequena proporção de indivíduos por mecanismos ainda pouco compreendidos. Por exemplo, o antibiótico cloranfenicol causa anemia aplástica em aproximadamente 1 paciente a cada 50.000.

Espécie – diferenças na capacidade de biotransformação do fármaco podem ser identificadas em razão da espécie. Por exemplo, o malation é mais tóxico aos insetos do que aos mamíferos.

Idade – por diferenças na proporção de água e tecido adiposo, além de alterações farmacocinéticas, podem ser consideradas três faixas etárias nas respostas à droga, ocorrendo hiper-reatividade em duas delas (neonatos e idosos) e hiporreatividade em crianças. Por exemplo, depressores do SNC podem apresentar maior duração da ação em neonatos e em idosos do que em crianças, em doses proporcionais.

Peso e composição corpórea – em indivíduos obesos, o volume de água é cerca de 50% do seu peso corporal, enquanto nos magros esse volume pode atingir cerca de 70%. Assim, nos obesos os fármacos lipossolúveis (distribuídos na massa lipídica) terão menor efeito farmacológico do que nos indivíduos magros (embora o efeito possa ser mais prolongado pelo fato de a gordura tornar-se um local de depósito). Por sua vez, nos indivíduos magros, os fármacos hidrossolúveis, dispersos no compartimento hídrico maior, terão sua ação diminuída.

Gênero – homens geralmente apresentam maior tamanho e menor gordura corporal do que mulheres, fato que pode alterar alguns padrões farmacocinéticos, como a distribuição da droga. Além disso, algumas mulheres fazem uso de anticoncepcionais, que são passíveis de interações medicamentosas com antibióticos, e/ou sofrem alterações hormonais cíclicas ou decorrentes de período gestacional ou lactação.

CONDICIONAIS

Estados fisiológicos – flutuações no pH gástrico, urinário e/ou plasmático podem alterar os processos farmacocinéticos de ácidos ou bases fracas. Além disso, exercício, sono, temperatura corporal, pressão arterial, dentre outras variáveis, também influenciam a resposta do indivíduo à droga.

Estados patológicos – diversas enfermidades alteram a resposta terapêutica do indivíduo ao modificarem as etapas farmacocinéticas em órgãos importantes. Os estados patológicos podem envolver os órgãos de absorção (diarreia, acloridria, síndromes de má absorção), distribuição (hipoalbuminemia, meningites), biotransformação (cirrose, hepatite) e excreção (insuficiência renal).

PARA PENSAR

Em razão dos ritmos circadianos, a duração da anestesia local após bloqueio nervoso, em odontologia, varia duas vezes ao longo do dia. Em pacientes com padrões de sono normais, o maior efeito ocorre à tarde.

Estados psicológicos – os efeitos decorrentes de fatores emocionais podem modificar ou mesmo inverter o efeito de fármacos. Assim, a simples administração de um fármaco pode levar a efeitos totalmente dissociados da sua ação farmacológica. Este é o chamado **efeito placebo**. Também há casos em que estados exacerbados de ansiedade e medo alteram a resposta desejada do fármaco.

FATORES EXTRÍNSECOS

DEPENDENTES DO FÁRMACO

Fatores inerentes ao fármaco – estrutura química, características físico-químicas, tamanho da molécula, solubilidade, coeficiente de partição lipídeo/água e grau de ionização influenciam a farmacocinética e, por conseguinte, o efeito da droga no organismo.

Formulações farmacêuticas – a apresentação do fármaco em uma formulação farmacêutica específica deve garantir que este seja dissociado e/ou alcance os receptores de forma satisfatória. Alterações relacionadas ao processo de confecção do fármaco (p. ex., comprimidos prensados em excesso) podem refletir na reatividade do paciente.

DEPENDENTES DA ADMINISTRAÇÃO

Vias de administração – na dependência da via de administração escolhida, pode haver maior lentidão no início da ação (via oral vs. via endovenosa) ou até mesmo não ocorrer o efeito, podendo o medicamento, por exemplo, ser destruído pelo suco gástrico.

Dose – é a relação entre a quantidade do fármaco ou medicamento e a massa corporal do paciente. Geralmente, o efeito produzido por uma droga (medicamento ou não) é proporcional à quantidade administrada, isto é, à dose. No entanto, existem drogas que não estabelecem uma relação de dose e efeito.

Condições de uso – o uso continuado e a alta frequência de administração do fármaco podem levar a efeitos cumulativos (toxicidade) e alterações responsivas por parte do paciente. As principais são:

- Tolerância – diminuição da responsividade ao fármaco após uso repetido ou contínuo (p. ex., tolerância ao álcool, a hipnoanalgésicos e a benzodiazepínicos).

- Taquifilaxia – forma de tolerância de rápido desenvolvimento pelo organismo ao fármaco (p. ex., fármacos que causam liberação de histamina, como morfina ou tubocurarina).

- Dependência – desenvolvimento de um forte impulso de usar repetidamente drogas ou fármacos psicoativos. A dependência pode ser tanto física (o uso descontinuado gera abstinência) quanto psicológica (produz o "desejo da droga").

DEPENDENTES DO MEIO AMBIENTE

Temperatura – pode causar alteração dos fármacos e medicamentos, pois o aumento da temperatura altera a estabilidade de várias formas farmacêuticas e de suas conservações, como cápsulas, soluções, suspensões, supositórios e outras.

Luz – a exposição à luz solar tem sido relacionada com reações cutâneas tóxicas às sulfonamidas, por exemplo.

Tensão de oxigênio – em altas altitudes, a pressão atmosférica diminui e as plaquetas ficam saturadas pela baixa presença de oxigênio, o que retarda a metabolização de fármacos.

Habitat **(vida gregária)** – vida gregária é a forma como o ser humano se mistura com outros no seu *habitat* (em grupo ou no meio da multidão), sem distinção e sem controle algum. O ser humano comporta-se de forma diferente quando está em grupo, tendo ações que nunca teria se estivesse sozinho. Este ser, vivendo em aglomerado ou em ambientes restritos (prisão), desenvolve um estresse que pode causar danos importantes para a saúde física e mental e, como consequência disso, sobre o efeito de um medicamento.

Ruído – o ruído constante e/ou intenso causa uma série de alterações fisiológicas e psicológicas – aumenta a secreção hormonal (epinefrina e outros) e as funções gástricas, além de provocar contrações musculares e alterações cerebrais (irritabilidade, ansiedade, excitabilidade, desconforto, medo, tensão e insônia), que predispõem o indivíduo a responder a um fármaco de forma incomum. Por exemplo, a insônia pode não ser controlada por um hipnótico em um indivíduo submetido ao estresse provocado pelo ruído.

FÁRMACOS QUE ATUAM NO SISTEMA NERVOSO

FÁRMACOS QUE ATUAM NO SISTEMA NERVOSO AUTÔNOMO

O sistema nervoso autônomo (SNA), também conhecido como sistema nervoso visceral, vegetativo ou involuntário, é uma subdivisão do sistema nervoso periférico, o qual inclui anatomicamente os nervos cranianos e espinais, cuja função é controlar de forma autônoma os órgãos internos. Juntamente com o sistema endócrino, o SNA é responsável pelo **controle** e pela **regulação de funções involuntárias**, como frequência e força contrátil do coração, calibre dos vasos sanguíneos, tônus muscular no trato gastrintestinal e geniturinário, contração dos bronquíolos, acomodação da visão e controle da secreção de glândulas exócrinas (particularmente as glândulas salivares) e endócrinas.

Basicamente, o SNA funciona com apenas dois neurotransmissores: a **acetilcolina** (Ach) e a **norepinefrina** (Nor). Entretanto, seus receptores são mais variados. É importante lembrar que a **epinefrina** (Epi) é essencialmente um hormônio, sendo secretada pela glândula suprarrenal na circulação sanguínea após ativação simpática, e atua em diversos órgãos ao mesmo tempo.

No SNA simpático (Fig. 1.17 A), os neurônios pré-ganglionares, isto é, aqueles que interligam a medula espinal ao gânglio nervoso, são curtos, e as fibras pós-ganglionares são longas. Essas fibras liberam **Nor** nos tecidos alvos, os quais têm receptores alfa e beta. Além disso, existe a inervação direta das suprarrenais (adrenais), as quais, sob o efeito da descarga rápida e imediata da Ach pelo SNA simpático, liberam **Epi** e **Nor** na corrente circulatória (Fig. 1.17 B). Como exceção, as fibras que inervam as glândulas sudoríparas, apesar de serem consideradas parte do SNA simpático, liberam Ach no tecido-alvo.

No SNA parassimpático (Fig. 1.17 C), as fibras pré-ganglionares são longas e descarregam Ach no gânglio, e as fibras pós-ganglionares (curtas) também liberam Ach nos tecidos-alvo, que apresentam unicamente receptores muscarínicos. Todos os gânglios, tanto aqueles da divisão simpática quanto os da parassimpática, apresentam apenas receptores nicotínicos. Receptores nicotínicos similares aos ganglionares e que também são ativados pela Ach estão presentes no sistema motor (Fig. 1.17 D), o qual não faz parte do SNA.

A Figura 1.18 mostra uma terminação nervosa adrenérgica secretando Nor após o estímulo elétrico na terminação. Após chegar à fenda da terminação, a Nor pode percorrer vários caminhos diferentes.

O primeiro caminho é interagir com os receptores pós-sinápticos tipo alfa 1, beta 1 ou beta 2 nos tecidos e promover o efeito no órgão. Além disso, a Nor pode ser biotransformada pela enzima catecol-orto-metiltransferase (COMT) tecidual, retornar ao neurônio para ser novamente armazenada em vesículas ou ainda ser transformada pela enzima monoaminoxidase (MAO).

Pode também se ligar aos receptores alfa 2 pré-sinápticos, o que causa a estabilização químico-elétrica da membrana e reduz a saída de mais Nor. Todo esse processo ocorre praticamente ao mesmo tempo, de forma muito rápida. Todas as etapas descritas até aqui são potenciais campos de ação de fármacos.

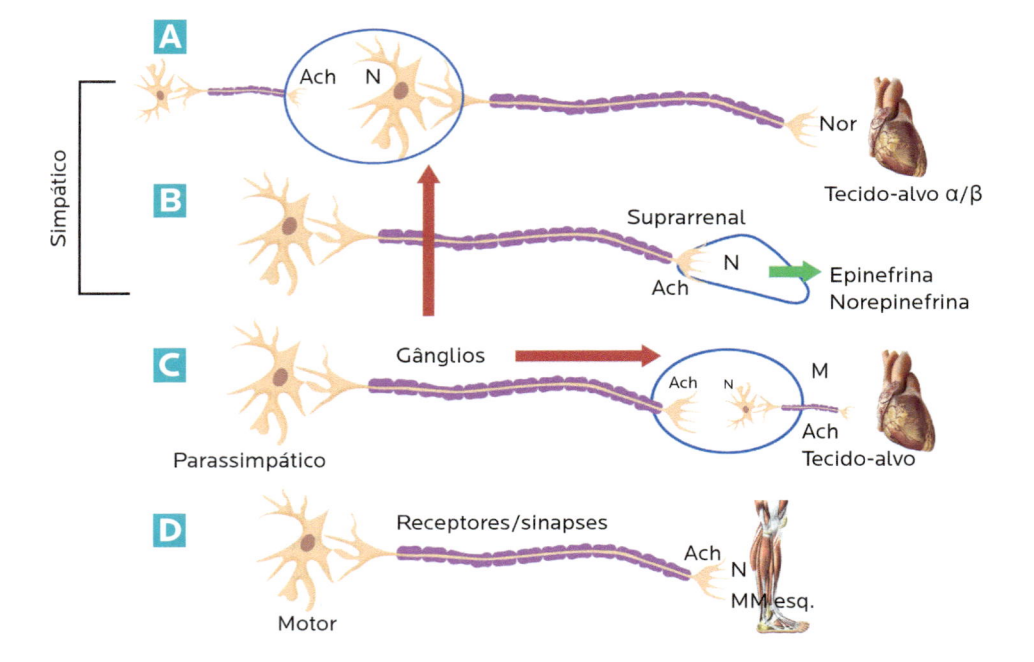

Figura 1.17 A-D – Perfil anatômico das estruturas nervosas do SNA simpático.

Figura 1.18 – Terminação nervosa adrenérgica.

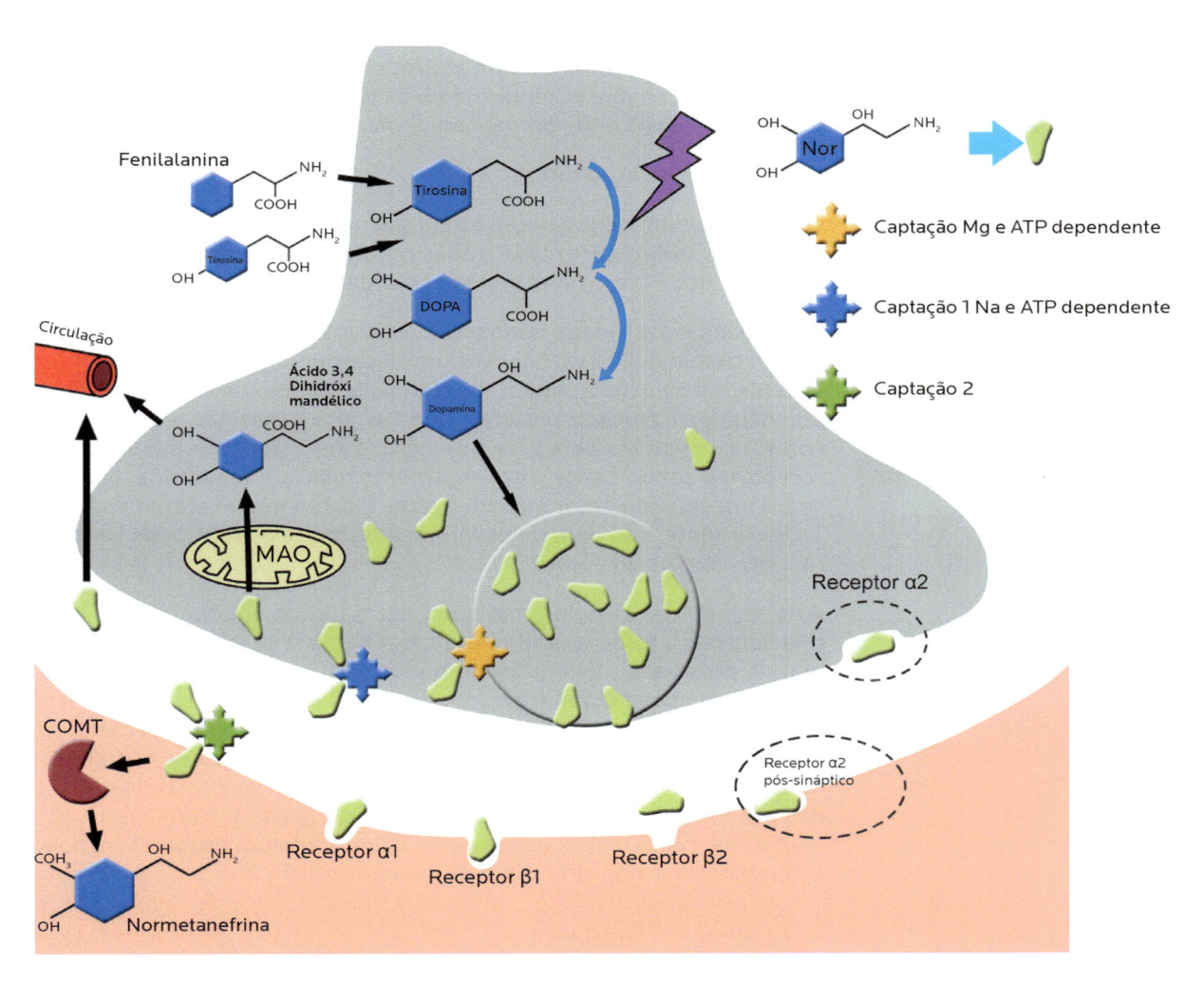

FÁRMACOS QUE ATUAM NO SNA SIMPÁTICO

Diversos fármacos têm a propriedade de alterar o funcionamento do SNA. Os fármacos **simpatomiméticos** têm efeito semelhante ao da estimulação nervosa simpática. Podem ser classificados como agonistas de ação direta, ação indireta e mista.

A Tabela 1.5 apresenta os receptores e os efeitos da sua ativação sobre os diferentes órgãos. A ativação do receptor beta 1 no coração, por exemplo, produz cronotropismo e inotropismo positivos, ou seja, ocorre aumento da frequência e da força de contração cardíaca.

A Figura 1.18 apresenta o mecanismo proposto para a síntese da Nor e da Epi. O aminoácido L-tirosina, proveniente da dieta, é transportado ativamente para o interior do axônio, onde a maior parte das reações ocorre. Sob ação da tirosina hidroxilase, a L-tirosina é convertida em levodopa (L-dopa), a qual por sua vez é descarboxilada pela dopa-descarboxilase para dopamina.

Na sequência, a dopamina é transportada para vesículas presentes no citoplasma e é convertida em Nor por meio da dopamina beta-hidroxilase. A Nor permanece nas vesículas até que essas sejam degranuladas nas células efetoras. A fenilalanina também pode ser utilizada na síntese da L-tirosina e, consequentemente, na síntese de Nor.

> **ATENÇÃO**
>
> O bloqueio do receptor não acarreta necessariamente o efeito inverso daquele da sua ativação. Assim, não ocorre bradicardia durante o bloqueio do receptor beta 1 cardíaco, mas ocorre a diminuição da ativação deste receptor pela norepinefrina e pela epinefrina endógenas (uma vez que o receptor estará ocupado pelo bloqueador) com consequente diminuição do tônus simpático nesse órgão.

Na medula da suprarrenal e em alguns neurônios no SNC, a Nor é transformada em Epi por intermédio da feniletanolamina-N--metiltransferase, onde permanece armazenada em vesículas.

a) Agonistas de ação direta

Os simpatomiméticos de ação direta são aqueles que se ligam aos receptores adrenérgicos localizados nos neurônios pré-sináptico ou pós-sináptico e promovem o efeito no órgão-alvo.

A afinidade e a atividade intrínseca dos fármacos aos receptores variam bastante. Dos vasoconstritores incorporados às soluções anestésicas de uso na clínica odontológica, a norepinefrina tem afinidade pelos receptores alfa 1, alfa 2 e beta 1, mas não tem atividade sobre os receptores beta 2. Já a epinefrina tem afinidade por todos os receptores, sendo maior pelos receptores beta 2. A fenilefrina, por sua vez, é um vasoconstritor que ativa especificamente os receptores alfa 1. Obviamente, isso decorre da interação química específica de cada fármaco com os receptores.

A norepinefrina e a epinefrina são catecolaminas endógenas relacionadas a respostas adrenérgicas. Chamam-se catecolaminas porque possuem o anel "catecol" na sua estrutura química, sendo oriundas do mesmo aminoácido: a tirosina (Fig. 1.19). Elas se diferenciam estruturalmente apenas pela presença do radical metil, embora isso implique respostas fisiológicas distintas, como acontece na vasculatura sanguínea. Embora ambas causem vasoconstrição na pele e nas mucosas (ação sobre os receptores alfa 1), apenas a epinefrina causa dilatação nos vasos da musculatura esquelética, pois a norepinefrina não atua sobre os receptores beta 2.

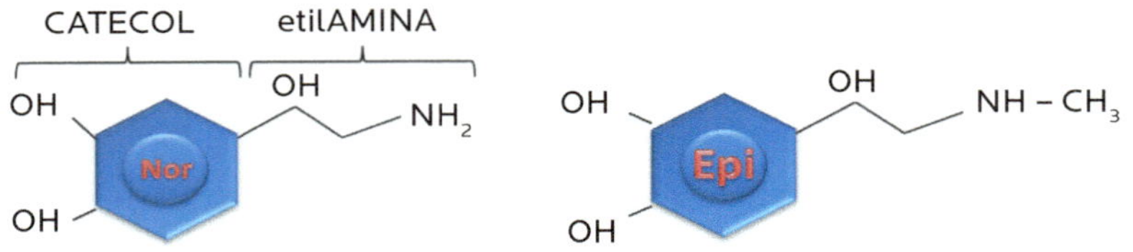

Figura 1.19 – Estrutura básica da norepinefrina e da epinefrina, evidenciando o núcleo catecol.

A Figura 1.20 A mostra como é o mecanismo bioquímico que leva ora à vasodilatação, ora à vasoconstrição. A epinefrina, interagindo com os receptores alfa 1, ativa a fosfolipase C, a qual causa o aumento do inositol trifosfato, que por sua vez causa aumento do cálcio intracelular. O Ca^{++} aumentado, juntamente com a calmodulina, ativa (via fosforilação) a miosina quinase e provoca a contração do vaso sanguíneo. Em algum grau, o receptor alfa 2 pode também causar vasoconstrição.

A ligação da epinefrina ao receptor beta 2, entretanto, ativa a adenilato ciclase, que aumenta os níveis do monofosfato cíclico de adenosina (AMPc) e impede a ativação da miosina quinase, levando ao relaxamento vascular.

O efeito sobre o coração depende da ação nos receptores beta 1 (Fig. 1.20 B). Esses receptores se encontram nos nódulos e nas fibras musculares cardíacas. Ativando aqueles receptores presentes nos nódulos, a Epi ou a Nor ativam os canais regulados por AMPc, os quais causam despolarização diastólica, aumentando o ritmo cardíaco (cronotropismo positivo ou taquicardia). Além disso, o AMPc aumentado ativa a proteína quinase A, fosforilando algumas proteínas transportadoras de Ca⁺⁺. O aumento da entrada do cálcio do retículo sarcoplasmático e do meio extracelular para a célula cardíaca aumenta a força de contração (via fosforilação da troponina). Este último processo é chamado inotropismo positivo.

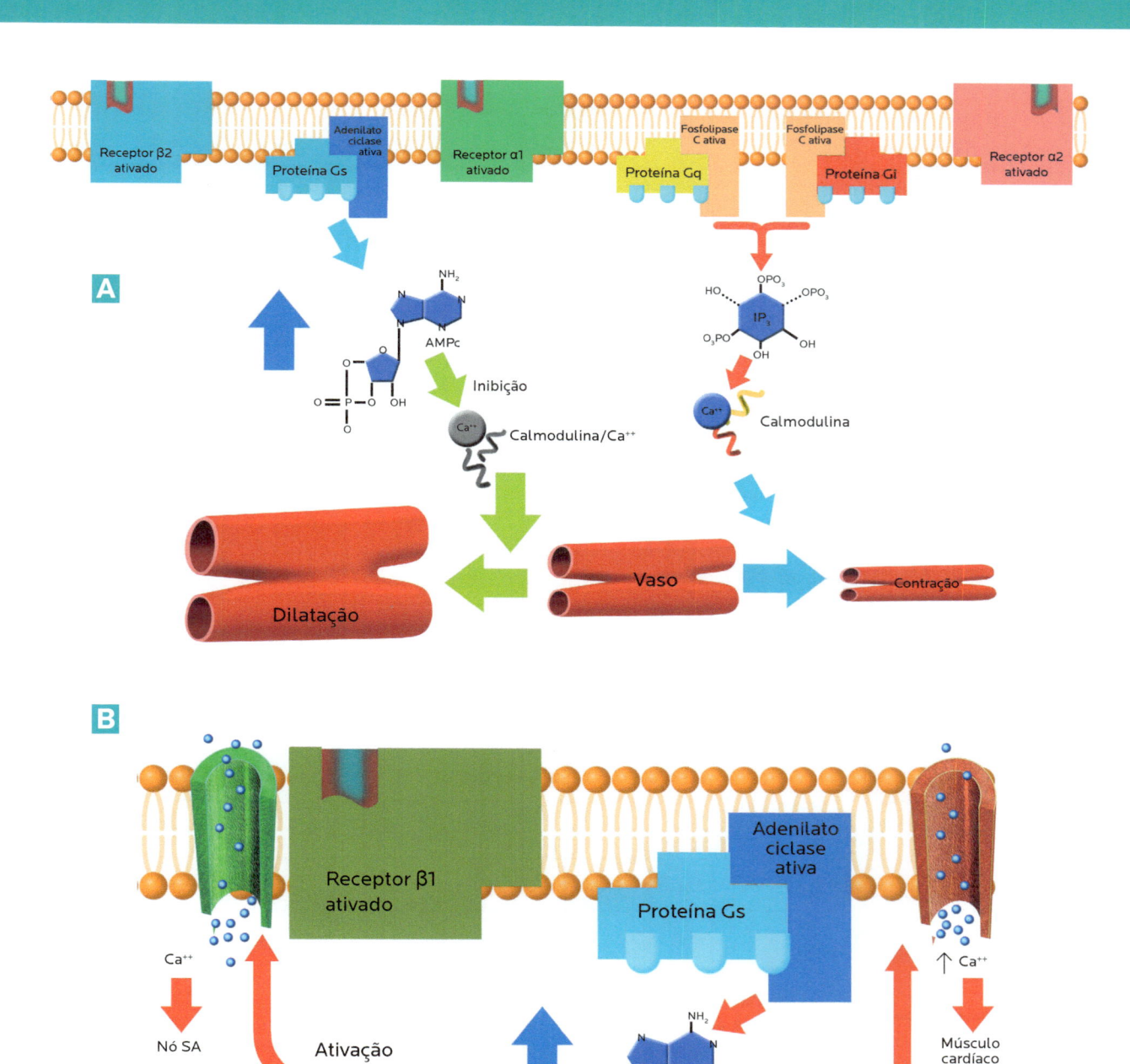

A resposta depende do tipo de receptor no tecido. A Tabela 1.5 mostra, resumidamente, os receptores presentes em diversos tecidos e os efeitos da epinefrina e da norepinefrina sobre esses tecidos.

Figura 1.20 – Mecanismos farmacodinâmicos dos agonistas dos receptores beta-adrenérgicos (A) nos vasos sanguíneos e (B) no coração.

TABELA 1.5 – Receptores adrenérgicos presentes em alguns órgãos e os efeitos da epinefrina e da norepinefrina sobre esses tecidos

ÓRGÃO	PRINCIPAIS RECEPTORES	EFEITO DA NOREPINEFRINA / EPINEFRINA
Vasos da pele, mucosa, mesentéricos e renais	Alfa 1	Constrição
Vaso da musculatura esquelética	Beta 2 / alfa 1	Dilatação (beta 2) / Constrição (alfa 1)
Nós sinoatrial e atrioventricular do coração	Beta 1	Cronotropismo + (aumento da frequência cardíaca)
Músculo cardíaco (átrios e ventrículos)	Beta 1	Inotropismo + (aumento da força de contração cardíaca)
Brônquios	Beta 2 / alfa 1	Broncodilatação (beta 2) / Diminuição da secreção (alfa 1)
Trato gastrintestinal – esfíncter	Alfa 1	Contração
Trato gastrintestinal – musculatura lisa	Beta 2	Diminuição do peristaltismo
Bexiga – esfincter	Alfa 1	Contração
Bexiga – músculo detrusor	Beta 2	Relaxamento
Olho – musculatura radial	Alfa 1	Midríase
Glândulas salivares	Alfa 1 / beta 2	Secreção de água (alfa 1) / Amilase (beta 2)
Adipócitos	Beta 3	Lipólise
Músculo esquelético	Beta 2	Fasciculação (tremores finos)

LEMBRETE

A incorporação de um vasoconstritor às soluções anestésicas diminui a velocidade de absorção, propicia maior tempo de duração da anestesia e diminui a chance de toxicidade. Além disso, auxilia no controle da hemostasia em procedimentos odontológicos que causam sangramento.

Os efeitos da Epi e da Nor sobre o organismo dependem também da via de administração e da dose. Se injetadas localmente, ambas promovem vasoconstrição e redução do fluxo sanguíneo pela ação no receptor alfa 1. Por esse motivo, são incorporadas às soluções anestésicas locais.

Todos os anestésicos locais (lidocaína, mepivacaína, bupivacaína, articaína e prilocaína) têm efeito vasodilatador. A vasodilatação aumenta a absorção do anestésico local para a corrente sanguínea, diminuindo o tempo de duração da anestesia. Paralelamente, a elevação dos níveis plasmáticos dos anestésicos aumenta o risco de toxicidade sistêmica.

Os efeitos sistêmicos que ocorrem em resposta à absorção das catecolaminas para a corrente sanguínea baseiam-se nas concentrações plasmáticas alcançadas e na ação desses fármacos nos receptores alfa e beta.

Com concentrações iguais a 0,2 μg/kg de peso/minuto ou maiores, a norepinefrina ativa os receptores alfa 1, promovendo aumento da pressão arterial e bradicardia reflexa. Embora a Epi nas mesmas concentrações estimule os receptores vasculares adrenérgicos alfa (vasoconstrição) e beta (vasodilatação), a resposta mais acentuada dos receptores alfa encobre o efeito vasodilatador, de modo que o resultado final assemelha-se ao da Nor.

Em concentrações plasmáticas menores, há uma redução ou perda do efeito da Epi sobre os receptores alfa, permitindo a manifestação da resposta vasodilatadora causada pela sua ação nos receptores beta 2, promovendo, assim, a queda da pressão arterial. Esse efeito não acontece com a Nor, pois esta não atua em receptor beta 2.

Um tubete de anestésico local com epinefrina na concentração de 1:100.000 equivale a 18 μg/tubete. Assim, se este for injetado dentro de um vaso sanguíneo, pode ocorrer um aumento da pressão sistólica e da diastólica.

Curiosamente, a velocidade da injeção também pode influenciar nesse efeito: a injeção muito lenta (< 1 mL/min) tende a anular o efeito pressórico, e a injeção rápida pode aumentá-lo. Nenhum desses efeitos se verifica quando a injeção é dada fora dos vasos sanguíneos.

A Figura 1.21 mostra uma representação esquemática dos efeitos da Epi (5 μg/kg), da Nor (5 μg/kg) e do isoproterenol (50 μg/kg) sobre a pressão arterial média, quando injetadas dentro do vaso sanguíneo (injeção rápida em cães).

A Nor causa aumento da pressão arterial sistólica e da diastólica por sua ação no receptor beta 1 cardíaco e no alfa 1 periférico. A resistência periférica aumenta, pois os vasos da pele, das mucosas e dos rins estão contraídos. De forma a compensar o aumento da pressão arterial, os seios carotídeos induzem o chamado **reflexo vagal.** Esse reflexo é caracterizado essencialmente pela descarga massiva de Ach, via nervo vago no coração, causando bradicardia.

A injeção de Epi produz aumento da pressão arterial sistólica por efeito em receptores beta 1 no coração (inotropismo e cronotropismo positivos) e por contração dos vasos da pele, mucosas e rins. Entretanto, a pressão arterial diastólica diminui pela ação nos receptores beta 2, causando dilatação dos vasos da musculatura esquelética. Isso também provoca a diminuição da resistência periférica. O conjunto pressórico formado por esses fatores que atuam diminuindo a pressão diastólica e a resistência periférica acaba por causar aumento da frequência cardíaca.

Com a queda da concentração de Epi para a faixa fisiológica, predomina a ativação dos receptores beta 2, os quais são mais sensíveis à baixa concentração de Epi, ocorrendo queda da pressão

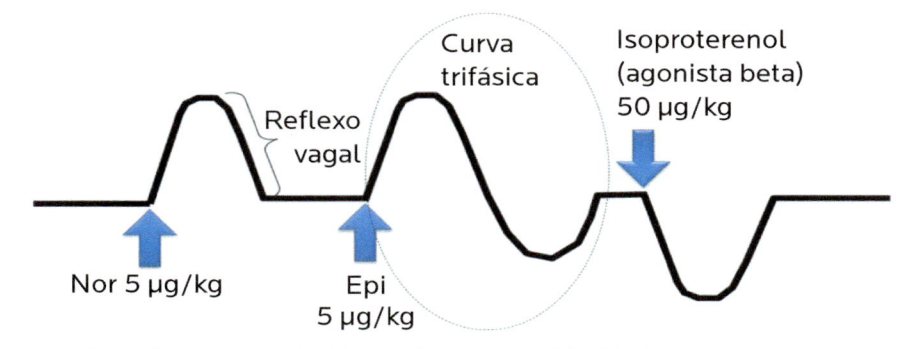

Figura 1.21 – Efeito de agonistas e antagonistas dos receptores adrenérgicos sobre a pressão arterial média em cães.

média abaixo dos níveis normais. A Nor não atua em receptores beta 2 e, portanto, não ocorre a queda da pressão após o reflexo vagal.

Como já foi discutido, os efeitos pressóricos da Epi e da Nor variam de acordo com a via e a velocidade de administração e, obviamente, com a quantidade administrada.

O **trato gastrintestinal** apresenta redução da motilidade em decorrência do relaxamento do músculo liso promovido por ativação dos receptores beta 2, e os esfincteres se contraem por meio da estimulação dos receptores alfa 1. Na **bexiga** se observa uma resposta semelhante. O esfincter se contrai em decorrência da estimulação dos receptores alfa 1, e o músculo detrusor sofre relaxamento com a estimulação dos receptores beta 2.

Nos **pulmões** ocorre a dilatação brônquica por estímulo da Epi em receptores beta 2, sendo que as secreções brônquicas e nasais diminuem por estímulo dos receptores alfa 1. Assim, fármacos como a fenilefrina, a qual atua quase exclusivamente nesses receptores, são utilizados como descongestionantes nasais.

A estimulação nervosa simpática nos receptores beta 1 das células produtoras de muco das glândulas submandibulares e sublinguais causa secreção de saliva com alto teor proteico, caracterizando-a como uma saliva viscosa. Isso causa a impressão de que a Epi ou ainda o estresse causa **xerostomia**.

Nos **olhos** há a presença de receptores adrenérgicos na musculatura radial e de receptores muscarínicos na musculatura circular. Sob estimulação simpática, ocorre a ativação dos receptores alfa 1 da musculatura radial, promovendo midríase (dilatação pupilar).

Os principais **efeitos metabólicos** produzidos por estimulação de fármacos adrenérgicos estão relacionados com as respostas dos segundos mensageiros. O estímulo ao receptor beta 2 promove glicogenólise hepática, e a estimulação de alfa 2 promove inibição da secreção de insulina e liberação de glucagon. Como consequência, ocorre aumento da glicemia. A estimulação dos receptores beta 3, presentes nos adipócitos, promove aumento na atividade da triglicerídeo-lipase e, consequentemente, na concentração dos ácidos graxos livres circulantes.

Alguns fármacos são capazes de atuar de forma não seletiva sobre os receptores beta-adrenérgicos (1, 2 ou 3). O **isoproterenol** (ou **isoprenalina**) é um exemplo desses agonistas não seletivos dos receptores beta. Esse fármaco promove aumento da pressão sistólica, ativando os receptores beta 1 e promovendo o aumento na força e na frequência de contração cardíaca. Provoca também a diminuição da pressão diastólica, por ativar receptores beta 2 dos vasos da musculatura esquelética.

A ativação de receptores beta 2 também determina a broncodilatação e o aumento da glicose (glicogenólise hepática) causados pelo fármaco. A liberação de ácidos graxos na circulação sanguínea ocorre pela ativação dos receptores beta 3. Entretanto, o isoproterenol pode provocar palpitações, taquicardia e arritmias, além de diminuição da pressão sanguínea.

LEMBRETE

A curva pressórica da Epi é chamada de trifásica, pois ocorrem 1) aumento da pressão arterial, 2) queda da pressão causada pelo reflexo vagal e 3) diminuição abaixo do nível usual e consequente volta aos valores normais.

A **dobutamina** é outro exemplo de agonista não seletivo de receptores beta, pois, embora tenha maior afinidade por receptores beta 1, também apresenta atividade sobre receptores beta 2. Promove aumento na força de contração cardíaca e aumento do débito cardíaco, motivo pelo qual é usada para o tratamento a curto prazo da insuficiência cardíaca congestiva.

Os fármacos agonistas seletivos dos receptores alfa 1 agem somente nesse receptor. Dentre eles, o mais importante é a **fenilefrina**, que tem seu efeito semelhante ao da Nor. Entretanto, apresenta menor potência e maior duração de efeito. Algumas soluções anestésicas locais utilizadas em odontologia têm essa amina como vasoconstritor, que é muito usada como descongestionante nasal e em colírios oftálmicos (midríase).

Os agonistas seletivos dos receptores beta 2 são usados principalmente para o tratamento da bronquite e da asma, pois promovem a desobstrução de vias aéreas superiores e revertem o broncoespasmo agudo. Sua ação ocorre nos receptores beta 2, promovendo dilatação brônquica. O **metaproterenol** é um broncodilatador de menor potência em relação ao isoproterenol, mas tem efeito mais duradouro. Esse fármaco não é metabolizado pela MAO e pela COMT. O **salbutamol** é um dos mais usados e normalmente está presente nas "bombinhas" usadas pelos pacientes asmáticos. A terbutalina também é utilizada e é resistente à degradação pela COMT.

b) Agonistas de ação indireta e mista

Os **agonistas de ação indireta** não atuam sobre os receptores, mas alteram as condições da fenda sináptica. Podem agir das seguintes maneiras:

- estimulando a biossíntese e a liberação do mediador (tiramina e anfetamina);
- inibindo a recaptação (*uptake*) do mediador (cocaína e imipramina); ou
- inibindo a inativação do mediador (inibidores da MAO – tranilcipromina, clorgilina e selegilina).

A Figura 1.22 mostra esses mecanismos na fenda nervosa simpática.

De forma geral, a tiramina e a anfetamina estimulam a biossíntese e a liberação de Nor a partir do aminoácido tirosina. A cocaína e a imipramina impedem a recaptação da Nor pelo neurônio pré-sináptico, mantendo-a na fenda sináptica. Já os inibidores da MAO não deixam a enzima atuar e, portanto, a degradação da Nor é muito diminuída.

A **tiramina**, embora não tenha uso terapêutico, está presente em vários alimentos, como queijos e vinhos fortes. Pode causar hipertensão grave aos pacientes que já fazem uso de inibidores de MAO, pois a concentração noradrenérgica aumenta ainda mais na fenda sináptica.

A anfetamina e seus derivados promovem liberação de Nor na fenda sináptica, e esta é responsável pelos efeitos simpatomiméticos observados. Já a cocaína impede a recaptação da Nor e também, de modo indireto, aumenta a sua concentração na fenda sináptica.

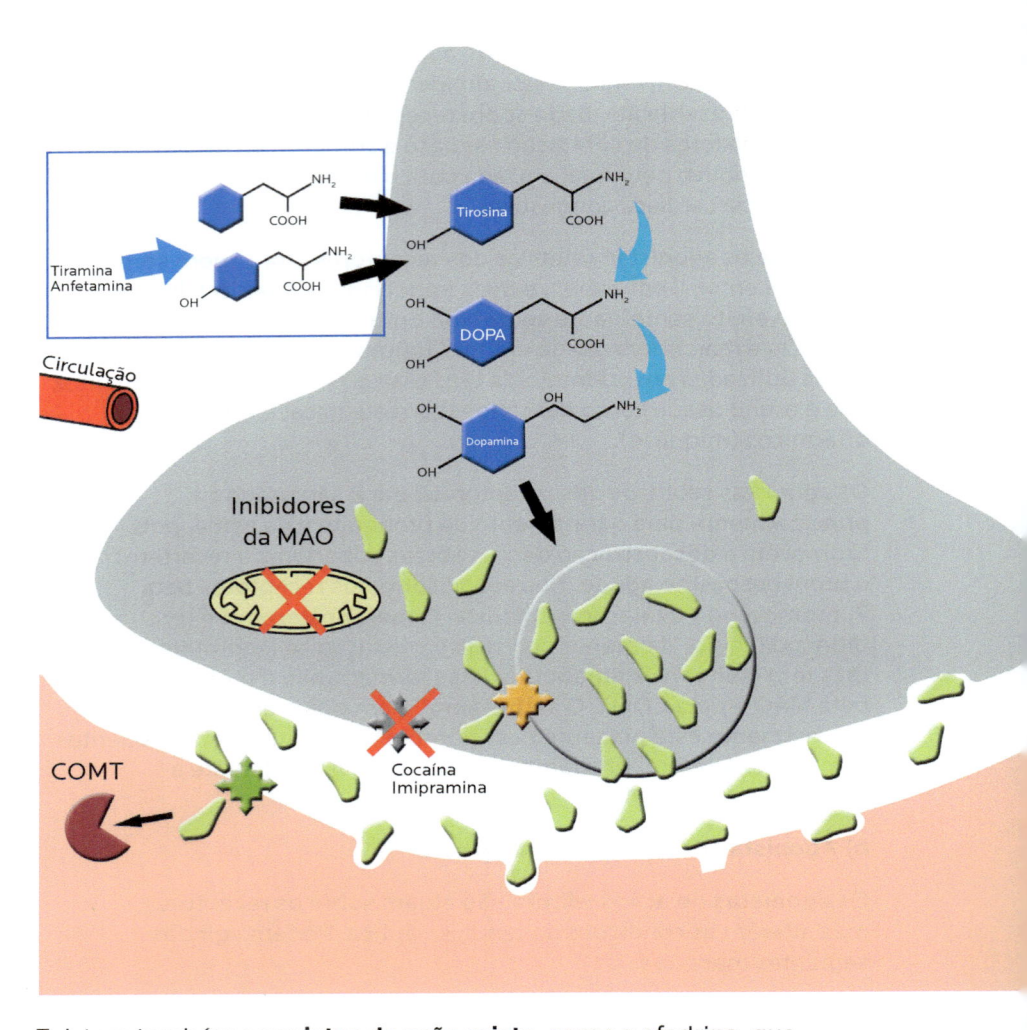

Figura 1.22 – Mecanismo dos agonistas simpatomiméticos de ação indireta.

Existem também **agonistas de ação mista,** como a efedrina, que têm ação direta sobre o receptor pós-sináptico e ainda estimulam a liberação dos mediadores. A efedrina não é metabolizada pela MAO nem pela COMT e, por isso, tem uma ação mais prolongada. Ela atravessa a barreira hematencefálica promovendo estimulação do SNC, além de provocar aumento imediato da pressão arterial, dilatação dos bronquíolos e aumento do tônus muscular. Sua ação direta ocorre tanto em receptores alfa quanto beta.

Os fármacos com ação nos receptores alfa 1 são utilizados em oftalmologia para promover midríase (dilatação pupilar), além de serem excelentes descongestionantes nasais e vasoconstritores (adicionados em soluções anestésicas).

Fármacos usados para o tratamento de asma e broncoespasmos agudos têm sua ação em beta 2 e promovem dilatação brônquica. A dobutamina é usada para tratamento da hipotensão e do choque, pois dilata alguns leitos vasculares, diminui a resistência periférica e melhora a contratilidade do miocárdio.

Para o tratamento do broncoespamo e do edema de glote, são utilizados a epinefrina e a efedrina, pois atuam como antagonistas fisiológicos da histamina. Entretanto, somente a efedrina pode ser administrada por via oral, pois a Epi é inativada por essa via.

c) Antagonistas (ou bloqueadores) do SNA simpático

Os fármacos que impedem ou antagonizam a ação dos transmissores adrenérgicos sobre os receptores, inibindo os efeitos decorrentes da estimulação simpática, são chamados de **simpatolíticos** ou **antiadrenérgicos**.

O bloqueio ou antagonismo do SNA pode ser de ação direta, por ligação aos receptores, impedindo o efeito induzido pelo neurotransmissor (atividade intrínseca nula), ou de ação indireta, diminuindo os estoques intraneuronais do neurotransmissor, impedindo a sua liberação, interferindo em sua síntese, destruindo a terminação nervosa ou ainda ativando os receptores alfa 2 (efeito simpatolítico).

Muitos antagonistas não induzem nenhum efeito imediato, pois atuam essencialmente bloqueando ou impedindo a ligação do agonista, diminuindo o tônus predominante no órgão. Assim, os efeitos são percebidos à medida que o tônus se estabiliza. Exemplo: o propranolol, um betabloqueador bastante utilizado, produz efeitos pouco significativos sobre o coração em repouso, mas pode induzir imediata diminuição nos batimentos cardíacos quando houver taquicardia (aumento do tônus simpático) ou, ainda, quando o tônus simpático já estiver predominando nesse órgão.

d) Bloqueadores dos receptores alfa-adrenérgicos

Esses fármacos têm a **diminuição da pressão arterial** como efeito mais evidente. Quando ocorre descarga simpática de Epi na circulação ou quando esta é injetada na corrente circulatória, ocorre a inversão da sua curva pressora, pois os receptores alfa-adrenérgicos são bloqueados e os beta permanecem livres, ocorrendo dilação intensa nos vasos da musculatura esquelética (beta 2).

Os bloqueadores dos receptores alfa não seletivos exibem igual afinidade pelos receptores alfa 1 e 2. É o caso dos **alcaloides do Ergot**. As propriedades farmacológicas desses fármacos incluem hipotensão, aumento da contração uterina (a qual causa adiantamento do trabalho de parto), controle do sangramento e das contrações no útero após o aborto e diminuição do fluxo simpático.

A prazosina é um antagonista seletivo do receptor alfa 1 e é utilizada clinicamente contra a hipertensão, pois diminui a pressão arterial diastólica, o débito cardíaco e a resistência periférica, sem provocar taquicardia reflexa. Sua utilização pode causar hipotensão ortostática, retenção de líquido e edema, xerostomia, obstrução nasal, fadiga e disfunção sexual.

e) Bloqueadores dos receptores beta-adrenérgicos

Dentre os principais usos desses fármacos estão o tratamento de arritmias, angina de peito, hipertensão, profilaxia contra enxaqueca e infarto do miocárdio, além do tratamento da ansiedade.

São considerados **cardioprotetores**, pois reduzem a atividade dos agonistas sobre o coração. O uso profilático contra a enxaqueca se deve à alta lipossolubilidade desses fármacos, permitindo que eles atravessem a barreira hematencefálica.

> **LEMBRETE**
>
> Os antagonistas seletivos para o receptor alfa 2 não têm praticamente nenhum uso clínico importante. Eles causam aumento da liberação de Nor e causam efeitos simpatomiméticos.

Existem basicamente os betabloqueadores seletivos e os não seletivos. Dentre os não seletivos estão propranolol, nadolol, labetalol e pindolol, sendo o primeiro o mais importante dentre eles. Os seletivos incluem metoprolol, atenolol e esmolol. Estes promovem menos efeitos colaterais, pois são mais específicos para os receptores beta 1.

O **propranolol** é um dos fármacos mais usados no mundo. Seu uso promove diminuição de pressão arterial e aumento da resistência vascular periférica, assim como diminuição do débito cardíaco e da força e da frequência de contração cardíaca. O propranolol protege o coração isquêmico, pois diminui a demanda de oxigênio.

Embora o propranolol seja muito utilizado, os fármacos mais específicos, como o **atenolol**, têm sido utilizados como alternativa em uma série de patologias cardíacas. Existem interações farmacológicas importantes entre alguns dos antagonistas dos receptores beta e diversos fármacos utilizados em odontologia. Dentre elas, a interação entre os bloqueadores não seletivos e as catecolaminas utilizadas como vasoconstritores em soluções anestésicas merecem destaque. Os mecanismos das interações serão abordados em outro tópico.

A Figura 1.23 mostra o efeito de bloqueadores alfa e beta-adrenérgicos sobre a pressão arterial média de cães, antes e depois da injeção de Epi, Nor e isoproterenol. É possível observar a ausência de efeitos da administração de ambos os tipos de bloqueadores. Somente após a injeção dos agonistas ocorre efeito visível.

f) Bloqueadores adrenérgicos indiretos

Esses fármacos são os agonistas dos receptores alfa 2 (clonidina/guanabenzeno), aqueles que diminuem os estoques intracelulares da Nor (reserpina), os que inibem a liberação da Nor (guanetidina) e os que interferem com a síntese do mediador (alfa-metildopa e alfa-metiltirosina).

Embora sejam considerados simpatolíticos, os agonistas dos receptores alfa 2 interferem na atividade do SNA simpático, promovendo o estímulo dos receptores alfa 2 pré-sinápticos no nível do SNC, além de diminuir a liberação do neurotransmissor nas terminações periféricas do SNA. A clonidina e o guanabenzo são usados contra a hipertensão, para o diagnóstico de feocromocitoma e na síndrome de abstinência dos opioides.

Figura 1.23 – Efeito de alfa e betabloqueadores sobre a pressão arterial.

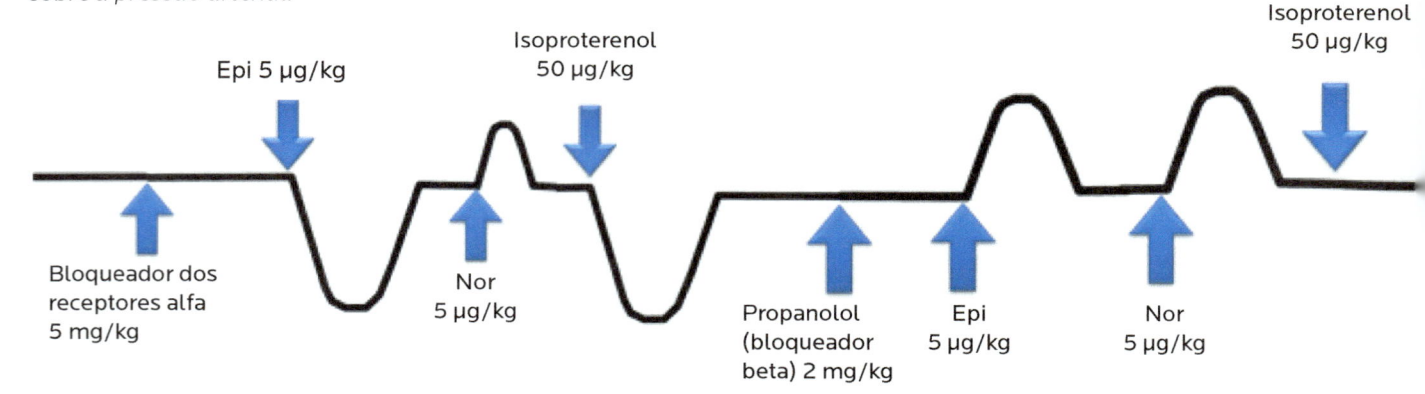

A reserpina também é um hipertensivo (oriundo da Rauwolfia serpentina) e é capaz de inibir a ligação da Nor ao trifosfato de adenosina (ATP) nos depósitos intragranulares, impedindo a "estabilização" e favorecendo a degradação da Nor pela MAO. Além disso, a reserpina impede a passagem da Nor dos grânulos de reserva para os grânulos móveis, facilitando a inativação pela MAO. A guanetidina atua de modo a inibir a liberação da Nor do neurônio para o tecido.

A alfa-metildopa é um anti-hipertensivo que age interferindo com a síntese de Nor. O fármaco compete com a enzima tirosina-hidroxilase, responsável pela transformação da tirosina em L-dopa no SNC. O produto formado, a alfa-metil-norepinefrina, tem maior afinidade pelos receptores alfa 2 do que pelos receptores de alfa 1, gerando efeitos similares aos dos agonistas dos receptores de alfa 2.

FÁRMACOS QUE ATUAM NO SNA PARASSIMPÁTICO

Os fármacos que ativam o SNA parassimpático (SNAP) são chamados de colinérgicos ou parassimpatomiméticos. Os bloqueadores são denominados parassimpatolíticos.

A **acetilcolina** (Ach) é o neurotransmissor do SNAP e está presente nas terminações das fibras pré e pós-ganglionares do SNAP, além de inervar praticamente todos os órgãos. O neurotransmissor é sintetizado no citosol do neurônio a partir da acetilcoenzima A (acetil-CoA) e da colina (Fig. 1.24). A acetil-CoA tem origem mitocondrial, e a colina provém do meio extracelular. A colina é transportada ativamente (dependente de ATP e Na+) para dentro do axônio.

Figura 1.24 – Produção e destino da Ach na transmissão parassimpática.

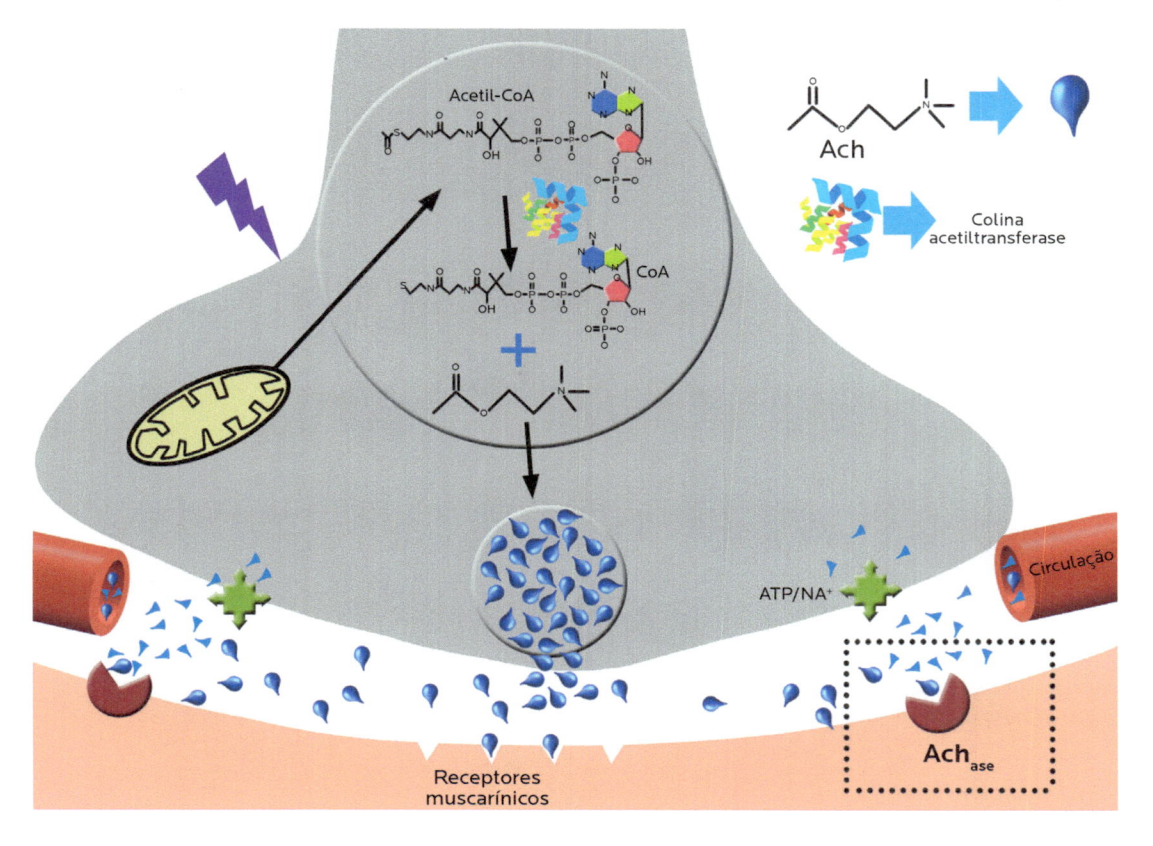

A enzima colina-orto-acetiltransferase faz a combinação da acetil-CoA com a colina para formar a Ach, a qual é, então, armazenada em vesículas no citoplasma, onde fica concentrada até que haja algum estímulo que a libere. Quando o impulso nervoso ou o potencial de ação chega, a membrana pré-sináptica é despolarizada, aumentando a condutância ao cálcio. As vesículas se fundem com a membrana da fenda sináptica, liberando a Ach por exocitose.

Uma vez na fenda, o destino da Ach é variado. A maior parte das moléculas é rapidamente degradada pela acetilcolinesterase (Ach_{ase}) em acetato e colina (Fig. 1.25). Algumas moléculas se ligam aos receptores muscarínicos pós-sinápticos, induzindo alterações na célula. Após a ligação, o receptor permanece por algum tempo na forma inativa até que esteja pronto para uma nova ligação.

A Ach, assim como a colina, também pode ser absorvida pela circulação sanguínea ou ainda ser recaptada para dentro do neurônio, sendo submetida a um novo armazenamento. A Ach absorvida para a circulação é rapidamente neutralizada pela colinesterase plasmática, também chamada de pseudocolinesterase ou colinesterase falsa.

Essencialmente, existem dois tipos de receptores envolvidos nesse sistema: os **muscarínicos**, presentes na maior parte dos órgãos, e os **nicotínicos**, presentes nos gânglios dos SNA simpático e parassimpático. Subtipos destes últimos também estão presentes nas junções neuromusculares, mas não são usualmente afetados pelos fármacos parassimpatomiméticos.

Os receptores nicotínicos são do tipo "canal iônico regulado por ligante" e são compostos por cinco subunidades que formam um agregado circundando um poro central. É sabido que os receptores muscarínicos se encontram em alguns gânglios, no SNC, no coração, na musculatura lisa e nas glândulas. Os subtipos com numeração ímpar (M1, M3 e M5) se acoplam à proteína G para ativar a via fosfato

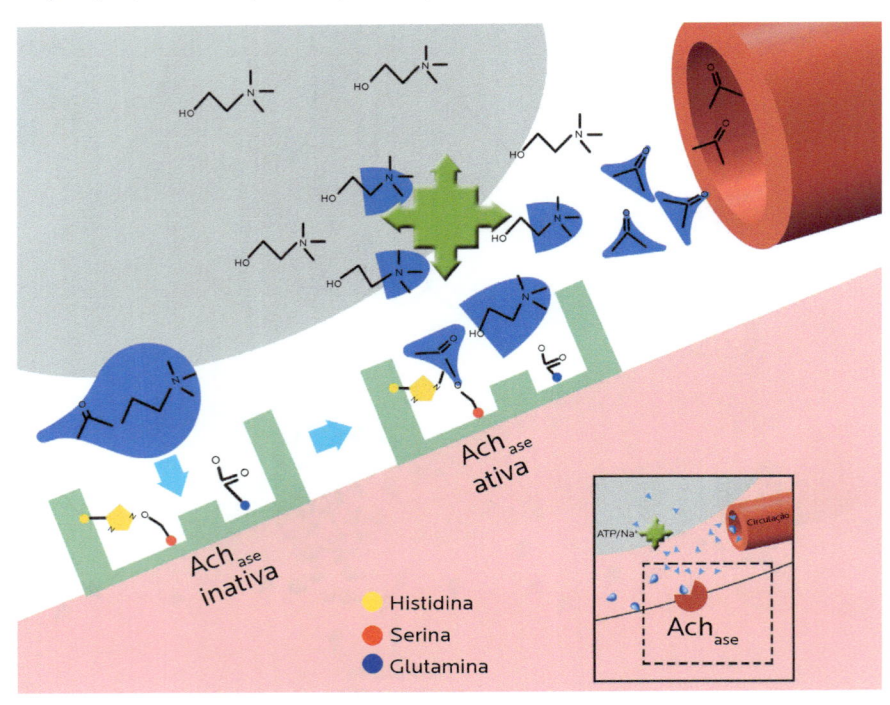

Figura 1.25 – Metabolismo da Ach pela acetilcolinesterase.

de inositol, e os subtipos de numeração par (M2 e M4) agem pela proteína G inibindo a adenilato ciclase e reduzindo os níveis de AMPc intracelular.

a) Agonistas do SNAP

Os **efeitos** da Ach, mediados pelos receptores muscarínicos, incluem:

- estimulação de glândulas, com consequente aumento das secreções gástrica, intestinal e pancreática, além da estimulação da salivação;
- estimulação da contração muscular lisa;
- estimulação da musculatura circular da íris e da acomodação, promovendo constrição pupilar e acomodação do cristalino para visão de curta distância (miose);
- relaxamento dos esfincteres gastrintestinais;
- constrição e aumento de secreção dos brônquios; e
- redução dos batimentos cardíacos (bradicardia).

A Tabela 1.6 mostra os efeitos da estimulação parassimpática sobre alguns órgãos, bem como os receptores presentes nestes.

Os **fármacos colinérgicos**, classificados segundo seu mecanismo de ação, podem ser de ação direta ou indireta. Os de ação direta se ligam diretamente aos receptores muscarínicos e promovem um efeito semelhante ao estímulo parassimpático. O efeito da acetilcolina injetada é muito lábil, em razão de sua rápida metabolização pelas colinesterases plasmáticas. Assim, outros ésteres da colina, como a metacolina e o carbacol, foram estudados em busca de uma substância com taxa de ligação mais elevada ao receptor, maior duração de efeito e maior grau de seletividade.

A maior parte dos tecidos tem algum tipo de enzima acetilcolinesterase, especialmente no trato gastrintestinal; por esse motivo, a Ach é sempre mal absorvida por via oral. Entretanto, quando injetada em quantidade significativa, pode diminuir a pressão arterial, pois causa dilatação vascular por ação nas células endoteliais (provavelmente pela produção de óxido nítrico local) e bradicardia (efeito em receptores muscarínicos) por redução da condução dos nós sinoatrial e atriovascular. Causa também rubor (particularmente na face), sudorese, salivação, lacrimejamento e aumento da secreção mucosa. Além disso, pode induzir náusea, tosse e dispneia, decorrentes da constrição dos brônquios. Embora a Ach não tenha nenhuma aplicação clínica, é sabido que seus efeitos são muito dependentes da dose administrada. Em doses baixas, é mais seletiva aos receptores muscarínicos. Com o incremento da dose, a Ach ativa os receptores nicotínicos presentes nos gânglios, na medula suprarrenal e no SNC, e até mesmo o músculo esquelético pode ser afetado.

Os **alcaloides vegetais** são outra classe de fármacos de ação direta. São representados basicamente pela muscarina (proveniente de um cogumelo chamado *Amanita muscaria*) e pela pilocarpina (*Pilocarpus jaborandi*). Enquanto a muscarina tem efeitos exclusivamente mediados pelos receptores muscarínicos, a pilocarpina tem efeitos muscarínicos e nicotínicos, sendo usada em odontologia

TABELA 1.6 – Efeitos da estimulação parassimpática

ÓRGÃO	PRINCIPAIS RECEPTORES	EFEITO DA ESTIMULAÇÃO PARASSIMPÁTICA
Vasos da pele, da mucosa, mesentéricos e renais	M3	Discreta dilatação
Vaso da musculatura esquelética	M3	Discreta dilatação
Nós sinoatrial e atrioventricular do coração	M2	Cronotropismo (diminuição da frequência cardíaca)
Músculo cardíaco – átrios	M2	Inotropismo (diminuição da contratilidade)
Músculo cardíaco – ventrículos	M2	Pequena diminuição da contratilidade
Brônquios	M3	Aumento da secreção / broncoconstrição
Trato gastrintestinal – esfíncter	M3	Dilatação
Trato gastrintestinal – musculatura lisa	M3	Aumento do peristaltismo
Bexiga – esfíncter	M3	Dilatação
Bexiga – músculo detrusor	M3	Contração
Olho – esfíncter da íris	M1/M2	Miose
Glândulas salivares	M3	Secreção de água
Adipócitos	-	Nenhum efeito
Músculo esquelético	Nicotínico	Nenhum efeito

para aumentar a salivação. É usada também para o tratamento do glaucoma, pois diminui a pressão intraocular e a resistência ao fluxo de saída do humor aquoso, e promove a miose.

Outra maneira de aumentar os efeitos do SNA parassimpático é inibir as enzimas (colinesterases) que inativam a Ach. Os **colinérgicos indiretos** são chamados de anticolinesterásicos e atuam inativando essas enzimas de forma reversível ou irreversível.

Os **anticolinesterásicos reversíveis** mostram rápido início de efeitos e inativam temporariamente a enzima ao formar associações não covalentes ou ligações covalentes passíveis de hidrólise. Esses fármacos não são utilizados em odontologia, mas podem ser usados no tratamento da miastenia grave e do glaucoma. A fisostigmina, a neostigmina e o edrofônio são exemplos desses fármacos, os quais têm duração de efeito de aproximadamente 1 hora.

Os **anticolinesterásicos irreversíveis** têm duração de efeitos que pode variar de uma semana a meses, pois fosforilam a enzima, a qual não é regenerada por hidrólise. Esses fármacos têm apenas importância toxicológica, sendo representados pelos organofosforados, particularmente aqueles presentes em inseticidas e armas químicas.

Dentre os fármacos que atuam sobre os receptores nicotínicos, apenas a **nicotina**, um alcaloide volátil presente na fumaça do cigarro e que penetra profundamente em membranas intactas, tem alguma importância clínica.

A quantidade de nicotina presente em um a dois cigarros utilizados diariamente causa discreto aumento da frequência cardíaca, da frequência respiratória e da pressão arterial, diminuição da temperatura da pele e da irrigação cutânea, leve aumento da glicemia e melhora do humor. Em altas doses, a nicotina estimula os gânglios simpáticos e parassimpáticos, induzindo aumento expressivo da pressão arterial, diminuição da pulsação, tremor, náuseas, diarreia, fasciculações e paralisia muscular.

b) Antagonistas do SNAP

Os fármacos anticolinérgicos ou parassimpatolíticos são substâncias que antagonizam a ação da Ach sobre os receptores, impedindo ou diminuindo os efeitos decorrentes da estimulação parassimpática. Em algum grau e sobre a maior parte dos órgãos, os efeitos decorrentes da ação desses fármacos são similares à estimulação do SNA simpático.

Os antagonistas muscarínicos são competitivos, ou seja, o bloqueio é reversível pelo aumento da dose do agonista. Bloqueiam com igual afinidade os receptores M1, M2 e M3, mas somente em altas doses ocorre o bloqueio dos receptores nicotínicos. Podem ser naturais (alcaloides da beladona, que incluem a atropina e a escopolamina), semissintéticos (homatropinas) e sintéticos (derivados ou não do amônio quaternário).

A atropina e a escopolamina têm uso limitado em odontologia como agentes para diminuir a salivação. São usados em exames oftalmológicos, na prevenção do laringoespasmo durante a anestesia geral e no tratamento da bronquite crônica em pacientes que não respondem aos agonistas beta 2 adrenérgicos. Além disso, inibem a motilidade, o tônus, a frequência e a amplitude das contrações peristálticas. As ações cardiovasculares são dependentes da dose. Também são usados para diminuir a cinetose e o tremor parkinsoniano.

FÁRMACOS QUE ATUAM NO SISTEMA NERVOSO CENTRAL, DE INTERESSE PARA A ODONTOLOGIA

A divisão básica do sistema nervoso central (SNC) consta do encéfalo e da medula espinal. Os nervos periféricos à medula basicamente constituem o SNA, cuja principal função é controlar autonomamente os órgãos internos. Além do controle do SNA, o SNC também controla o organismo utilizando o sistema endócrino. Para realizar o controle do organismo, o cérebro humano é composto por aproximadamente 10^{12} (um quatrilhão) de neurônios funcionais que realizam cerca de 200.000 conexões.

A maior função do SNC é zelar pela **homeostase** do organismo. Essa função é executada em conjunto com o sistema endócrino. Os estímulos que são recebidos pelo organismo podem ser determinantes para a alteração da fisiologia como um todo.

O **córtex** é a porção mais periférica do encéfalo e é basicamente responsável pela consciência e pelos sentidos. Essa estrutura é capaz de influenciar, via conexão neuronal, muitas das funções básicas, como respiração, pressão arterial, etc. Uma lembrança pode, por exemplo, deflagrar aumento de batimentos cardíacos, incoordenação motora, alterações no olfato, etc.

Os fármacos podem estimular ou deprimir o SNC. De forma dose-dependente, os fármacos que causam depressão no SNC podem causar leve depressão, sedação, hipnose, anestesia geral, coma e morte. De forma análoga, os fármacos estimulantes podem induzir excitação leve, convulsão e morte. De forma geral, a inibição do sistema ocorre pela hiperpolarização neuronal, ao passo que a despolarização causa quase sempre excitação.

Os depressores do SNC são utilizados geralmente para atenuar estados de excitação prévios ou para deprimir o sistema visando à diminuição de uma resposta mais intensa, como dor ou estresse.

Alguns níveis de alteração da consciência podem acontecer rotineiramente na clínica odontológica. Embora tratados como sinônimos, a ansiedade, o estresse e o medo são fenômenos diferentes.

LEMBRETE

O medo, ao contrário da ansiedade, é uma resposta a um fenômeno já conhecido.

A **ansiedade** é entendida como uma resposta aversiva diante de um fenômeno desconhecido pelo paciente. O **medo** é a resposta aversiva diante de um fenômeno previamente já experimentado e, portanto, conhecido. Ambas as condições levam à resposta fisiológica chamada **estresse**, que consiste basicamente na liberação endógena de substâncias químicas (principalmente epinefrina), as quais alteram imediatamente o organismo.

O "medo do dentista" ocorre quando o sujeito já foi ao dentista e a situação gerou uma memória aversiva. Já a ansiedade ocorre quando o sujeito vai pela primeira vez ao consultório e experimenta uma sensação desagradável pela antecipação da situação. A fobia é considerada um medo extremo e, muitas vezes, incapacitante.

A ansiedade e o estresse são situações normais do dia a dia. A alteração rápida do SNA para adaptação quase que imediata a uma situação é condição importante para a manutenção da homeostasia e da vida. Por exemplo, correr quando o ambiente está pegando fogo demanda uma rápida e imediata mudança muscular e circulatória, visando ganhar força e direcionar a energia para fugir. Essa resposta biológica é considerada normal.

Entretanto, existem **distúrbios** que podem desequilibrar o SNC de maneira mais séria, como é o caso das depressões, fobias, etc.

SINAIS E SINTOMAS: Dentre os sinais e sintomas ligados a quadros de estresse em adultos, destacam-se sudorese, palidez, tremores, mãos fortemente fechadas ou segurando firmemente os braços da cadeira odontológica, choro, pedidos para interromper o tratamento, queda da pressão arterial e síncope. Além disso, podem ocorrer palpitações, contração da musculatura mímica, distúrbios do trato gastrintestinal, tonturas, xerostomia, tensão muscular, fraqueza, taquipneia e dificuldade respiratória.

Os adultos tendem a responder aos efeitos do estresse mantendo-se na condição aversiva. Isso pode frequentemente causar lipotimia (sensação de desmaio) ou síncope (desmaio). Curiosamente, as crianças dificilmente desmaiam no consultório odontológico, pois manifestam claramente seu estresse e extravasam todos os seus efeitos.

DEPRESSORES DO SNC

Anestésicos gerais, ansiolíticos, hipnóticos, hipnoanalgésicos e neurolépticos são utilizados clinicamente como depressores do SNC. Esses fármacos atuam estabilizando as membranas neuronais, causando diminuição da quantidade de neurotransmissores, deprimindo a reatividade neuronal ou ainda diminuindo o fluxo de íons na membrana.

Alguns fármacos, como o óxido nitroso, ainda não têm um mecanismo bem estabelecido, mas provavelmente se encaixam em uma dessas condições. Os anestésicos locais também são potentes depressores do SNC, mas serão abordados em outro tópico mais adiante.

a) Ansiolíticos

Esta é uma classe de fármacos muito importante para a odontologia. Sua utilização visa diminuir a responsividade dos pacientes em face dos procedimentos clínicos. Dentre os ansiolíticos mais utilizados em odontologia estão os **benzodiazepínicos** (BDZs), que substituíram os barbitúricos porque estes apresentam muitos efeitos colaterais e maior potencial de dependência química.

Existem hoje mais de 30 tipos de BDZs comercializados em todo o mundo. O potencial de toxicidade e de dependência desses fármacos é baixo. Estima-se que menos de 1% da população seja dependente de BDZs, sendo a prevalência cerca de 5 vezes maior nas mulheres.

O mecanismo de ação proposto aos BDZs é a **facilitação gabaérgica**. (ver Fig. 1.8) O ácido gama-aminobutírico (GABA) é um neurotransmissor cuja função é deprimir a função neuronal; para isso, ele se liga ao seu receptor, abrindo os canais de cloro que estão nele acoplados.

A entrada do cloro no neurônio causa hiperpolarização, dificultando a transmissão neuronal. O BDZ se liga à outra porção do mesmo receptor, aumentando a afinidade e a atividade intrínseca do GABA. Assim, os canais se abrem com mais frequência, e a célula permanece despolarizada (deprimida) por mais tempo.

Alguns BDZs induzem a produção de metabólitos ativos (caso do diazepam), prolongando ainda mais a sua atividade no organismo. A segurança desses fármacos é indiscutível; a dose tóxica do diazepam, por exemplo, é de cerca de 500 mg (equivalente a 100 comprimidos de 5 mg), e a dose letal é 750 mg (cerca de 150 comprimidos).

Dentre **as vantagens** desse tipo de fármaco para o uso em odontologia, destaca-se o fato de diminuir a percepção da dor, a salivação e o reflexo do vômito. Além disso, acalma o paciente de tal forma que a pressão arterial, o esforço cardíaco e a frequência respiratória também são reduzidos. Os BDZs são potentes miorrelaxantes de ação central e anticonvulsivantes. Alguns, como o midazolam, são capazes de induzir a chamada amnésia anterógrada.

SAIBA MAIS

O primeiro BDZ, o clordiazepóxido, foi sintetizado em 1957; o diazepam, que é o mais conhecido, foi lançado no mercado em 1963.

LEMBRETE

Os BDZs têm boa absorção pelo trato digestório, são muito lipofílicos e penetram de forma relativamente fácil no SNC. Além disso, têm alta ligação com as proteínas plasmáticas, o que ajuda a manter uma meia-vida longa.

Os BDZs de ação curta (midazolam) e de ação intermediária (lorazepam) têm preferência em odontologia. Fármacos com ação prolongada (diazepam) mantêm o paciente sedado por um tempo além do necessário.

b) Anestésicos gerais

Embora o uso dos agentes anestésicos gerais seja vedado a profissionais não médicos e até mesmo a médicos que não sejam anestesistas, é importante entender algumas características desses fármacos.

A anestesia geral é um estado em que o paciente não permanece consciente, não sente dor (analgesia completa) e tem seus músculos relaxados. Além disso, a anestesia não deve oferecer risco ao paciente. Não existe um agente anestésico geral que satisfaça a todas essas condições. Todos eles têm **potencial de letalidade**, e a combinação de fármacos tem sido empregada para atingir um quadro ideal de anestesia geral.

Os agentes anestésicos gerais classificam-se em gases, líquidos voláteis e agentes intravenosos. O óxido nitroso é o agente mais antigo e, embora seja considerado anestésico geral, não é capaz de induzir um paciente à anestesia em condições normais de pressão atmosférica (somente em câmaras hiperbáricas).

Atualmente, os anestésicos gerais intravenosos vêm assumindo uma importância maior do que os líquidos voláteis, mais antigos e mais tóxicos. O propofol é um dos mais utilizados no mundo, particularmente por dentistas americanos e europeus, os quais podem utilizar esse agente no consultório. No Brasil, com exceção do óxido nitroso, é vedado ao cirurgião-dentista utilizar esses agentes no consultório.

c) Hipnóticos

> **Hipnose**
> Embora o uso popular tenha dado outra conotação ao termo, hipnose significa sono induzido ou estado alterado da consciência. Alguns fármacos têm a propriedade de induzir ao sono.

Os sedativos hipnóticos, como o próprio nome indica, são fármacos que podem causar calma e sono. Eles produzem sonolência, relaxamento e calma, sem causar perda da consciência. Dependendo da dose, induzem a uma inconsciência semelhante à do sono natural, além de diminuírem a atividade motora e a responsividade sensitiva. Os representantes mais significativos dessa classe são os **barbitúricos**, os quais não são utilizados em odontologia e tiveram seu uso drasticamente reduzido pelo advento dos BDZs.

Atualmente existem mais de 2,5 mil barbitúricos. Os primeiros barbitúricos hipnoindutores foram o barbital e o fenobarbital (Gardenal®), o qual ainda hoje é utilizado como anticonvulsivante. Durante muito tempo, os barbitúricos e os opioides eram as únicas substâncias disponíveis para acalmar a ansiedade ou a agitação de alguns pacientes com transtornos psiquiátricos.

> **LEMBRETE**
> De maneira similar aos BDZs, os barbitúricos também atuam no receptor do GABA. Entretanto, os barbitúricos aumentam o tempo de abertura dos canais de cloro, e não a frequência de abertura, como mostra a Figura 1.26.

Embora o cirurgião-dentista não utilize esses fármacos, ele pode atender pacientes que fazem uso deles. Assim, é importante conhecer algumas das suas propriedades. Os efeitos dos barbitúricos sobre o SNC dependem das características farmacocinéticas, do ambiente e do estado de alteração de comportamento do paciente. Esses fármacos, de forma geral, diminuem a responsividade do paciente aos estímulos ambientais. Embora sejam indutores do sono, a qualidade do sono não é muito adequada.

Dentre os efeitos adversos que os barbitúricos apresentam, destacam-se hipotensão, diminuição da frequência cardíaca, depressão respiratória, tosse, soluço, laringoespasmos e maior atividade microssomal hepática, a qual pode alterar o metabolismo de outros fármacos. Podem ocorrer também o efeito paradoxal (agitação em pacientes geriátricos e debilitados) e fenômenos de tolerância e dependência (caracterizada por convulsões).

Além dos barbitúricos, destacam-se outros tipos de substâncias hipnóticas. O hidrato de cloral é um fármaco não barbitúrico que foi utilizado por muito tempo em odontologia para sedar crianças. Hoje, porém, graças ao aparecimento de substâncias menos tóxicas e mais efetivas, seu uso diminuiu muito.

A buspirona é uma azapirona que tem sido utilizada em razão de seu menor potencial em causar dependência química e toxicidade em comparação com os barbitúricos. Diferentemente dos BDZs e dos barbitúricos, essa substância atua diretamente no receptor da serotonina, diminuindo a síntese e a liberação dessa substância no cérebro.

d) Hipnoanalgésicos

O ópio, originado da papoula, e seus derivados fazem parte da classe dos hipnoanalgésicos, que é uma das mais antigas utilizadas para o controle da dor. A palavra "ópio" é proveniente do grego e significa "suco de papoula", pois provém da secreção leitosa/resinosa das papoulas soníferas (gênero *Papaver*). Sua história remonta à Grécia antiga, e era a principal arma contra dores até o século XIX. Somente no início deste século, com o isolamento da morfina (um alcaloide do ópio), o ópio deixou de ser usado no tratamento das dores. Os derivados do ópio são chamados de opioides.

O organismo é capaz de produzir substâncias quimicamente similares aos opioides, as quais são chamadas encefalinas e endorfinas. Essas substâncias ativam receptores opioides e promovem a estimulação do SNC. É nesses receptores que os fármacos dessa classe, como a morfina, são capazes de se ligar.

LEMBRETE

Os opioides são utilizados para o alívio de dores, para o tratamento da tosse e como constipantes (causam prisão de ventre). Entretanto, podem causar dependência, depressão respiratória e retenção urinária.

Figura 1.26 – Mecanismo de ação dos barbitúricos.

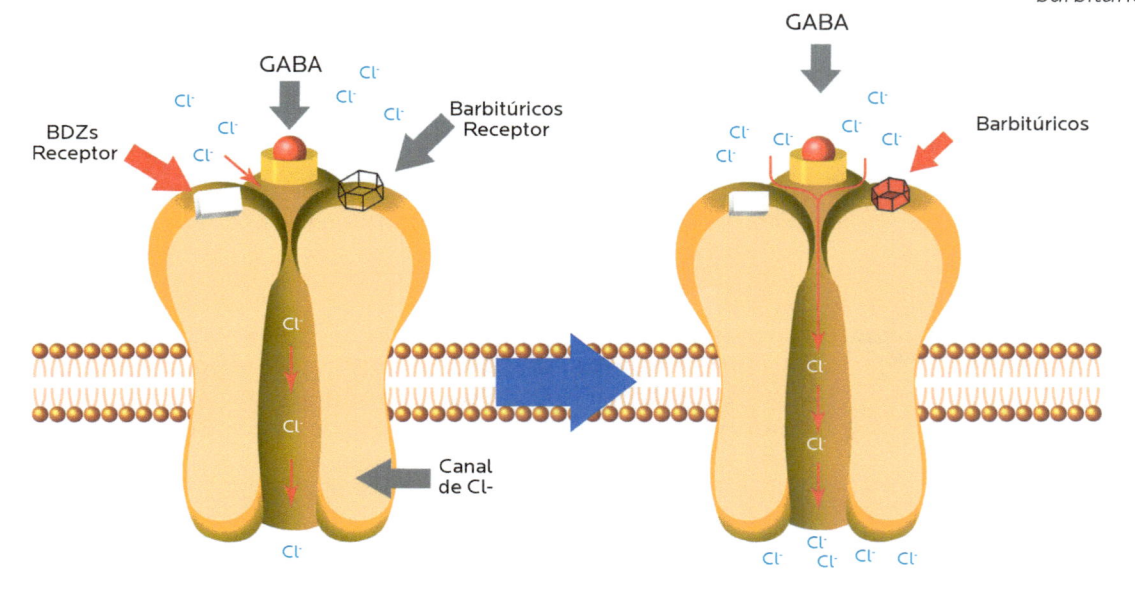

Embora os opioides tenham atuação periférica, é basicamente na medula espinal, no bulbo e no mesencéfalo que eles são mais atuantes, provocando diminuição da dor, depressão respiratória e outras alterações, como mostra a Figura 1.27.

A maior parte dos hipnoanalgésicos é derivada do ópio, estando os seus alcaloides entre os mais importantes. O cirurgião-dentista pode utilizar particularmente a codeína associada ao paracetamol para o tratamento da dor odontogênica. Entretanto, essa combinação não deve ser considerada como primeira escolha.

Os opioides, particularmente a morfina e a codeína, podem causar euforia por estímulo cortical, além de sedação e hipnose por atuação nos centros de dor e vigília. Além disso, esses fármacos alteram as reações emocionais (principalmente à dor), fazendo com que o paciente seja menos reativo a distúrbios dolorosos. Infelizmente, seus efeitos colaterais, os quais podem ocorrer mesmo em doses usuais, limitam o seu uso.

Opioides sintéticos como a petidina (meperidina) têm potência analgésica maior do que a da morfina. A nalorfina e a naloxona, embora sejam opioides, são antagonistas dos receptores opioides e são utilizadas no tratamento de adictos.

e) Neurolépticos

Esta classe de fármacos é utilizada por pacientes que apresentam **doenças neurológicas** como a esquizofrenia, as várias psicoses, entre outras. São também conhecidos como antipsicóticos e como tranquilizantes maiores. Produzem calma em pacientes psiquiátricos, aliviando os sintomas sem embotar a consciência, sem deprimir os centros vitais e sem causar dependência.

A esquizofrenia é uma doença psiquiátrica que prejudica, muitas vezes de forma profunda, os processos de pensamento. Causa desorganização e desequilíbrio emocional e intelectual nos pacientes, os quais sofrem com episódios de alucinações, ilusões e perda do senso de realidade. Os pacientes com esquizofrenia podem ser tratados com neurolépticos.

Cerca de 20% da população apresenta alguma patologia mental; a esquizofrenia, apontada como um dos mais graves transtornos psiquiátricos, representa cerca de 1% desses casos.

Existem duas classes de neurolépticos: os de primeira geração ou típicos (clorpromazina, haloperidol, flufenazina e flupentixol) e os de segunda geração ou atípicos (clozapina, risperidona, sertindol, entre outros).

Embora os neurolépticos sejam fármacos seguros, alguns efeitos colaterais limitam seu uso. Os principais e mais importantes deles são os chamados efeitos **extrapiramidais**, que se caracterizam por retardo motor, "face em máscara" (face sem expressão), andar arrastado, tiques e vários movimentos involuntários. Entretanto, esses efeitos cessam quando a terapêutica é interrompida.

O tratamento da esquizofrenia, mesmo aguda, é iniciado com fármacos de primeira geração; os de segunda geração são opção

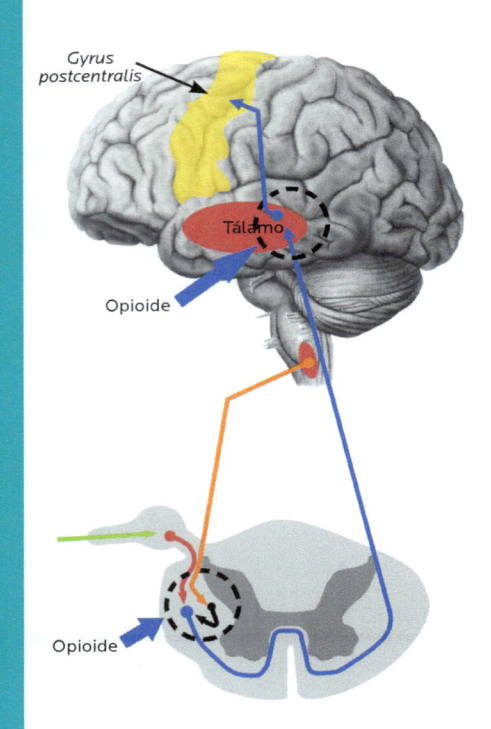

Figura 1.27 – Locais de ação dos opioides.

LEMBRETE

Os neurolépticos não curam a esquizofrenia, mas controlam os episódios mais agudos. Isso permite um melhor ajustamento à sociedade, diminuindo os desvios graves de comportamento e o tempo de internação hospitalar.

para os casos em que os sintomas extrapiramidais são significativos e não há possibilidade de interrupção do tratamento. A clorpromazina é considerada o padrão para o tratamento, particularmente para os estados de agitação psicótica, sendo conhecida como "camisa de força farmacológica".

As butirofenonas (haloperidol, droperidol e espiperona) são 50 vezes mais potentes do que a clorpromazina, mas causam maior ocorrência de parkinsonismo. São eficazes e causam mínimos efeitos extrapiramidais em baixas doses.

Um efeito colateral importante que ocorre pelo uso dos neurolépticos, particularmente a clorpromazina, é a síndrome neuroléptica, caracterizada por lentidão psicomotora, tranquilidade emocional e indiferença afetiva, sendo causada pelo bloqueio da dopamina no cérebro. Além disso, esses fármacos podem causar xerostomia, retenção de urina e alteração da visão. Podem ainda potencializar os efeitos depressores de outros fármacos e causam discinesia tardia, diminuição do número de leucócitos e candidose oral. O cirurgião--dentista deve estar atento principalmente aos efeitos da diminuição de leucócitos e da xerostomia.

> **ATENÇÃO**
> Em pacientes em uso de neurolépticos, a escolha do vasoconstritor deve ser cuidadosa, pois os neurolépticos promovem o bloqueio dos receptores alfa-adrenérgicos, o que pode ocasionar aumento brusco de pressão arterial.

ESTIMULANTES DO SNC

Existem dois usos importantes dos estimulantes do SNC: o uso clínico e o uso abusivo como drogas de adição. O primeiro é direcionado basicamente para tratar os estados de depressão psíquica. Os antidepressivos são uma classe de estimulantes do SNC.

Existem diferentes formas de depressão, sendo que algumas são acompanhadas de ansiedade e até mesmo de hostilidade. A depressão é essencialmente uma síndrome cujo principal componente é algum tipo de desajuste químico no cérebro que gera distúrbios emocionais e físicos, os quais podem interferir no metabolismo e no ajuste das informações.

Os antidepressivos mais conhecidos são apresentados no Quadro 1.2.

QUADRO 1.2 – **Antidepressivos mais conhecidos**

Antidepressivos clássicos	
	Inibidores da MAO (tranilcipromina, moclobemida)
	Antidepressivos tricíclicos (imipramina, amitriptilina, clomipramina, nortriptilina, maprotilina (tetracíclico) e mianserina (tetracíclico)
	Sais de lítio
Inibidores seletivos da recaptação de serotonina	
	Primeira geração (fluoxetina, paroxetina, sertralina e citalopram)
	Nova geração (venlafaxina, nefazodona, mirtazapina, tianeptina)
Inibidores seletivos da recaptação de norepinefrina	
Inibidores da recaptação de norepinefrina e dopamina	
Estabilizadores do humor	

> **LEMBRETE**
>
> O restabelecimento do humor não é uma resposta obtida rapidamente. Geralmente é necessário manter o tratamento por semanas até que se obtenha uma resposta clínica aceitável. Além disso, o tratamento pode se estender por toda a vida do paciente.

Dentre esses antidepressivos, os sais de lítio são utilizados no tratamento do distúrbio bipolar e da mania. São fármacos antigos, mas ainda heroicos no tratamento desses distúrbios. O seu uso crônico pode causar vários efeitos colaterais, como irritação gastrintestinal, poliúria, sede, tremor das mãos, fraqueza muscular, sonolência e sensação de morosidade, além de um quadro de hepatotoxicidade grave.

Curiosamente, o uso dos antidepressivos tricíclicos não melhora o humor nem o nível de vigília do indivíduo não deprimido. A elevação do humor no doente ocorre no decorrer do uso, pelo bloqueio da recaptação de norepinefrina e de serotonina em nível central. Os antidepressivos tricíclicos podem causar visão embaçada, xerostomia, retenção urinária, sedação e fadiga, tontura, delírios e alucinações, insônia e agitação, além de *rash* cutâneo, fotossensibilização e discrasias sanguíneas.

> **LEMBRETE**
>
> Os antidepressivos mais antigos são os tricíclicos, mas não são os mais seguros. Os mais novos interferem basicamente na recaptação neuronal de serotonina.

Por sua ampla gama de aplicação, a **fluoxetina** e outros agentes que inibem seletivamente a recaptação de serotonina são extensivamente utilizados nos dias atuais. Esses fármacos são seguros, mas podem causar vários efeitos colaterais, principalmente quando em uso prolongado, como ansiedade com ou sem insônia, náuseas, anorexia e diarreias. Foram correlacionados a um aumento da incidência de bruxismo, bem como a um possível aumento da tendência suicida, particularmente em jovens. No entanto, não há ainda consenso sobre o assunto.

DEPENDÊNCIA DE ESTIMULANTES E DEPRESSORES DO SNC

Dentre os estimulantes do SNC, os mais importantes são aqueles utilizados com finalidade de abuso por indivíduos adictos.

Drogas de uso abusivo são substâncias psicoativas que afetam o funcionamento do cérebro e do SNC, alterando a percepção e a consciência, sem objetivo terapêutico. As drogas oriundas de plantas estão entre as mais importantes. A Figura 1.28 mostra as principais moléculas isoladas dessas plantas.

A maior parte das substâncias de uso abusivo pode causar dependência. A **dependência** física ou química ocorre quando o organismo do indivíduo somente funciona de maneira adequada na presença de determinada substância. A **síndrome de abstinência** pode ocorrer pela interrupção brusca do uso da droga, podendo causar vômitos e diarreias intensas, alterações cardiocirculatórias, enxaqueca, etc.

A **tolerância** é a diminuição das respostas às doses usuais, obrigando o indivíduo a aumentar a quantidade da droga para obter os efeitos inicialmente experimentados.

A **dependência psicológica** é o impulso descontrolado para usar a droga, a fim de evitar mal-estar, frustrações, insegurança, ansiedade, ou ainda em busca de fuga e prazer. Geralmente esse tipo de dependência não leva aos severos quadros de abstinência que a dependência física causa. Os sintomas mais comuns são ansiedade, sensação de vazio e dificuldade de concentração.

O indivíduo pode ser considerado dependente quando o desejo pela droga se torna insistente e domina o seu estilo de vida, gerando dificuldade no controle do consumo, prejudicando a qualidade de vida e causando prejuízo real à sua saúde e à sociedade.

CANNABIS SATIVA

A **maconha** é obtida das folhas e flores do cânhamo, e o seu efeito depende da dose consumida e do ambiente em que se encontra o adicto. O principal ingrediente psicoativo é o delta-9-tetraidrocanabinol, também conhecido como THC, o qual pode corresponder a até 5% do peso da folha.

O **haxixe** é mais potente do que a maconha convencional, pois contém uma resina rica em THC que é secretada pela planta, apresentando até 12% de THC por peso da folha. Embora a maconha seja considerada uma droga leve e seus efeitos terapêuticos venham sendo postulados, ela é também considerada como a porta de entrada para drogas mais poderosas e devastadoras.

Os efeitos da maconha ocorrem após 20 minutos da sua utilização, com duração de 2 a 4 horas, apresentando um efeito máximo após 1 hora. Podem ser verificados leve estado de euforia, relaxamento, melhora da percepção para a música, para o paladar e para o sexo, percepção de tempo prolongada, risos imotivados e devaneios.

Entretanto, também se observam efeitos desagradáveis, como angústia, temor, perda de controle e sudorese. Em doses altas, podem ocorrer alucinações, delírios, agitação e agressividade, além da perda da percepção de tempo e espaço.

O consumo de 5 a 8 cigarros/dia é considerado uso crônico e pode causar diminuição de testosterona e oligospermia. Nas mulheres, as alterações hormonais são mais aguçadas, podendo haver inibição da ovulação. A perda de interesse pelo sexo também ocorre nos usuários crônicos. A fumaça é muito irritante aos pulmões, podendo levar a bronquite e a câncer de pulmão, de traqueia e de boca. A aprendizagem e a memorização são comprometidas, assim como qualquer atividade que requer atenção constante (fala desconexa e resumida, ideias desconexas). Causa vermelhidão nos olhos, diminuição da produção de saliva e taquicardia. O THC também causa aumento de apetite; por isso, pode ocorrer ganho de peso.

Para evitar problemas dentro do consultório odontológico com os usuários, é necessária uma consulta bem conduzida, explicando os riscos aos quais o paciente estará exposto.

Os principais sinais e sintomas que o cirurgião-dentista pode observar são olhos com vermelhidão intensa (vasodilatação), pupilas dilatadas, taquicardia, candidose e xerostomia (o que pode levar a uma maior prevalência de cáries).

Se o cirurgião-dentista souber ou desconfiar que o paciente faz uso de maconha, não deve utilizar anestésico com vasoconstritor do tipo

LEMBRETE

As vias injetáveis costumavam ser as vias preferenciais para os adictos, pois proporcionam efeitos mais rápidos. Entretanto, o uso da via inalatória para o mesmo fim tem crescido no Brasil.

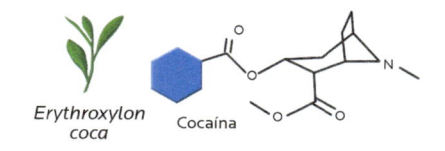

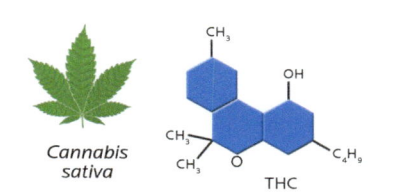

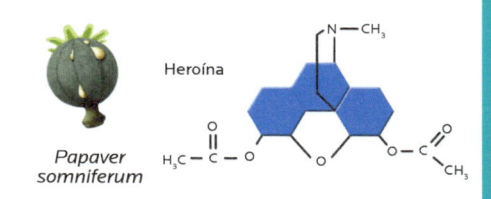

Figura 1.28 – Moléculas isoladas das três principais plantas utilizadas para obtenção de substâncias com potencial de adição.

LEMBRETE

Apesar de todos os efeitos colaterais, não há registro de morte por intoxicação por consumo de maconha, pois sua dose letal é 1.000 vezes maior do que a usual.

amina simpatomimética, pois seus efeitos poderão ser potencializados caso haja injeção intravascular acidental. Nesses pacientes, pode ocorrer diminuição de agregação plaquetária, o que pode levar a **hemorragias**. Quando se tratar de intervenções invasivas, como cirurgias, uma avaliação médica deve ser feita, e o procedimento só deve ser realizado quando o paciente não estiver sob o efeito da droga (geralmente entre 8 e 12 horas após o uso). Em caso de emergências com usuários crônicos ou sob efeito da droga, o atendimento odontológico pode ser realizado em nível hospitalar, após sedação do indivíduo.

COCAÍNA E CONGÊNERES

A **cocaína**, extraída da folha de coca *(Erythroxylun coca)*, era usada principalmente por populações que viviam em alta altitude, que mastigavam as folhas para reduzir a fadiga durante o trabalho. Comercializada como pó, a cocaína pode ser inalada, e seu efeito pode durar até 6 horas. Pode ser utilizada também por via intravascular, tendo duração menor, mas com maior potência de efeitos.

O principal **mecanismo de ação** da cocaína no SNC é o bloqueio da captação de dopamina, intensificando a atividade dopaminérgica no núcleo acumbente. Além disso, pode causar também o bloqueio da receptação da norepinefrina nas terminações do SNA simpático, exacerbando os efeitos decorrentes da estimulação simpática.

A cocaína pode levar à sensação de intenso prazer e a um estado de excitação generalizada, hiperatividade, insônia, perda da sensação de cansaço e falta de apetite. Cansaço e depressão intensos ocorrem após o uso crônico, estimulando novas aplicações. Embora a cocaína possa causar dependência psíquica e física, a tolerância não é usual.

O **crack** é uma base livre originada após o aquecimento da cocaína com o bicarbonato de sódio, a qual pode ser transformada em fumaça e inalada. Nessa forma chega aos pulmões e, graças às características inerentes dessa via de administração, grandes quantidades da droga são absorvidas de forma rápida (estimam-se 10 segundos), embora não duradoura (cerca de 20 minutos). As doses tendem a ser repetidas, aumentando a probabilidade de causar dependência, a qual pode ocorrer após uma única utilização. Essa forma de droga é de 5 a 7 vezes mais potente do que a cocaína.

As atividades motoras e sensoriais são superestimuladas com o uso dessa droga, o que pode causar sensação de euforia e poder, aumentando a violência. Além disso, ocorre redução dos receptores do SNC, causando lentidão das sinapses, comprometendo as atividades cerebrais e corporais. O *crack*, com potência maior do que a cocaína, pode causar taquicardias significativas, fibrilação e parada cardíaca.

A identificação do usuário de cocaína ou *crack* no consultório é muito difícil, pois os efeitos dessas drogas são semelhantes aos da ativação do SNA simpático induzida pelo estresse. Entretanto, o atendimento a usuários de cocaína pode ser feito no consultório odontológico, caso o paciente não tenha utilizado a droga nas últimas 24 horas. Nesses pacientes pode ocorrer uma maior sensibilização do tecido

> **ATENÇÃO**
>
> A chamada *overdose* (dose exagerada) pode causar aumento abrupto do fluxo simpático, e a morte pode ocorrer por parada cardíaca. Os principais efeitos adversos incluem aqueles mediados pelo SNA simpático, ou seja, aumento da pressão arterial, do débito cardíaco e da demanda de oxigênio, além de taquicardia, podendo levar a isquemia, arritmias, angina e infarto do miocárdio.

cardíaco às aminas simpatomiméticas; portanto, é recomendável evitar anestésicos locais com vasoconstritor do tipo da epinefrina. Nas emergências odontológicas, quando é imprescindível o atendimento a um paciente sob efeito dessas drogas, a condição primária para a segurança do profissional e do paciente é a sedação com benzodiazepínicos.

ANFETAMINAS E ECSTASY

A nomenclatura das anfetaminas deriva do nome químico da classe alfa-metilfenilamina. Essas drogas atuam em diversas áreas do cérebro, aumentando a permanência da norepinefrina e da dopamina na fenda sináptica, impedindo sua recaptação. Estimulam o córtex, melhorando o humor, e interferem com os centros hipotalâmicos, causando diminuição do apetite e aumento da temperatura corporal e da sede.

O rápido efeito estimulante no córtex cerebral gera alteração do humor e aumento da autoestima. Os únicos usos terapêuticos dessa classe são como supressor do apetite para o tratamento de obesidade e como auxiliar no tratamento da narcolepsia e de crianças com distúrbio de déficit de atenção com hiperatividade. O uso crônico gera tolerância, depressão e alucinações, sendo que a abstinência gera depressão, distúrbios de sono e fadiga crônica.

> **Dentre os principais efeitos centrais e periféricos das anfetaminas, destacam-se:**
> - tontura, dor de cabeça, irritabilidade, hipertensão, taquicardia, constrição da pupila (miose), tremor e hiper-reflexia;
> - elevação do humor, sensação de maior energia e menor apetite, insônia, loquacidade e diminuição da fadiga;
> - arritmias cardíacas, palidez, sudorese excessiva, náuseas, xerostomia, gosto metálico, cólicas e diarreia;
> - convulsões, coma e hemorragias cerebrais nos casos de intoxicação.

O **ecstasy** é um tipo particular de anfetamina, derivado do MDMA (3,4-metilenodioximetanfetamina), que causa intenso bloqueio da recaptação da serotonina. Foi sintetizado em 1914 como supressor do apetite, mas somente na década de 1960 foi descoberto seu potencial para provocar euforia, melhorar a atividade física, diminuir a fadiga e aumentar a sensibilidade ao tato, sendo por isso conhecido como a "droga do amor". Tem tempo de latência entre 30 e 60 minutos.

O *ecstasy* tem sido utilizado por jovens como estimulante psicomotor do córtex cerebral para manter o estado de alerta, euforia, bem-estar, aumento da sociabilização e extroversão. Entretanto, tem os mesmos efeitos colaterais comuns às anfetaminas.

Assim como várias outras drogas, o *ecstasy* também causa danos irreparáveis ao SNC, particularmente ao córtex. Usuários dessa droga sofrem déficits de memória, apresentam menor memória de curto prazo e menor memória verbal de longo prazo, além de reagirem mais devagar e apresentarem menor atenção às atividades rotineiras. De maneira geral, usuários de *ecstasy* podem ter cáries extensas devidas à xerostomia, aumento de atividade motora levando ao bruxismo, além de trombocitopenia e leucopenia, as quais podem levar a infecções e sangramento gengival espontâneo.

> Como as anfetaminas são vasoconstritoras em potencial, existe risco na associação com outros vasoconstritores, o que poderia aumentar os efeitos simpatomiméticos em caso de injeção intravascular acidental. É recomendável que o cirurgião-dentista não utilize aminas simpatomiméticas como vasoconstritor durante o atendimento desses pacientes.

SOLVENTES

Os seguintes solventes apresentam risco potencial à adição:

- éter e clorofórmio (anestésicos voláteis);
- colas, diluidores de tinta, líquidos de limpeza, gasolina, benzeno, acetona (solventes voláteis);
- etanol, metanol e isopropanol (propulsores de aerossóis).

O início dos efeitos é rápido (de segundos a minutos), e a duração é curta (15 a 40 minutos); desse fato decorre a necessidade de consumo frequente. Inicialmente há um estímulo geral do SNC, ocorrendo em seguida depressão e alucinações.

Os sinais clínicos do uso recente de solventes incluem aumento do fluxo salivar, excitação, vermelhidão na face, voz arrastada e incoordenação motora, além de perturbações auditivas (sons de sirene) e visuais.

O uso de solventes causa aumento da sensibilidade do miocárdio à epinefrina, o que pode provocar arritmias constantes e até mesmo morte repentina por parada cardíaca. Assim, o uso de catecolaminas como agentes vasoconstritores em anestésicos locais é contraindicado.

O uso de paracetamol também é contraindicado, pois pode resultar em hepatotoxicidade grave quando em combinação com álcool ou solventes. Além disso, o uso de vasoconstritores do tipo amina simpatomimética deve ser evitado.

O uso crônico de solventes provoca lesões na face, perda da sensibilidade gustativa, lesões nas mucosas nasais, orais e no epitélio pulmonar, alterações no metabolismo e lesões hepáticas. As síndromes de abstinência provocam ansiedade, agitação, tremores, cãibras nas pernas e insônia.

ANABOLIZANTES

São consideradas anabolizantes as drogas quimicamente relacionadas à testosterona e que têm uso abusivo, particularmente por atletas ou pessoas que querem melhorar o desempenho e a aparência física, sem acompanhamento médico. Os anabolizantes podem ser ingeridos por via oral, mas usualmente são injetados e em dose muito maior do que a recomendada. Os mais utilizados são oximetolona, metandriol, danazol, fluoximetiltestosterona, mesterolona, metiltestosterona e nandrolona.

SINAIS E SINTOMAS: Vários sinais e sintomas são relacionados ao uso de anabolizantes, como tremores, acne severa, retenção de líquidos, dores nas articulações, aumento da pressão arterial, alteração dos níveis de colesterol, icterícia e episódios de violência.

Para o cirurgião-dentista, a consequência mais preocupante dos anabolizantes é a possibilidade de violência durante o atendimento odontológico. Assim, é imperiosa a necessidade da sedação desses pacientes.

CONTRAINDICAÇÃO: Clinicamente, os usuários de anabolizantes estão mais expostos a episódios de hemorragia pós-operatória e hipoglicemia, as quais podem levar a emergências no consultório.

Por causa dos efeitos dos anabolizantes sobre a pressão arterial, deve-se evitar o uso de vasoconstritores do tipo catecolamina. O uso de paracetamol também é contraindicado pela possibilidade de maior hepatotoxicidade em combinação com anabolizantes. Como podem ocorrer episódios de hipoglicemia, é importante que o dentista mantenha uma solução açucarada disponível durante o tratamento.

DERIVADOS DO ÓPIO

A **heroína** é duas a três vezes mais potente do que a morfina, e ambas são derivadas do ópio. A heroína causa euforia e bem-estar que duram 45 segundos e efeitos gerais que duram entre 2 e 4 horas. Após esses efeitos, provoca sonolência e delírio, além de depressão profunda, exigindo novas e maiores doses.

EFEITOS ADVERSOS: Seus efeitos colaterais comuns são calafrios, vômitos, diarreias, sudorese, pânico, tremores, anorexia e fortes dores abdominais. O uso crônico causa imunossupressão, surdez, cegueira, delírios, prurido constante e manifestações neuropatológicas.

A crise de **abstinência** é caracterizada por bocejos incontroláveis que podem causar deslocamento da mandíbula, coriza, suor, diarreia, náuseas, vômitos e dores musculares. Cerca de 40% dos usuários já foram expostos de alguma forma à hepatite, portanto os cuidados com a biossegurança devem ser redobrados.

CONTRAINDICAÇÃO: Soluções anestésicas contendo aminas simpatomiméticas devem ser evitadas no atendimento odontológico de pacientes usuários de drogas derivadas do ópio.

> **ATENÇÃO**
> O cirurgião-dentista não deve atender pacientes que tenham utilizado alguma dessas drogas antes do tratamento odontológico, explicando os riscos aos quais estariam expostos. O tratamento eletivo deve ser adiado, e a avaliação médica deve ser recomendada ao usuário.

2

Anestesiologia

JOSÉ RANALI
MARIA CRISTINA VOLPATO

OBJETIVOS DE APRENDIZAGEM

- Selecionar o anestésico local de uso odontológico e as dosagens apropriadas para cada paciente
- Identificar os pacientes que necessitam de cuidados adicionais na administração da anestesia
- Prevenir e tratar possíveis complicações decorrentes da anestesia local

LEMBRETE

A inibição da propagação do estímulo nervoso pelos anestésicos locais é reversível e não causa danos ao tecido nervoso periférico (terminações nervosas e nervos periféricos).

Os **anestésicos locais** são os fármacos mais comumente empregados na clínica odontológica, constituindo o método mais eficaz para o controle da dor operatória. Embora usados com frequência – estima-se que anualmente sejam realizadas cerca de 250 a 300 milhões de anestesias odontológicas no Brasil –, raramente causam algum tipo de reação adversa grave, sendo, portanto, muito seguros.

Ao serem administrados próximo a terminações nervosas ou nervos periféricos, os anestésicos locais bloqueiam a condução do impulso nervoso para o SNC, impedindo assim a percepção da dor decorrente da estimulação dos nociceptores, como ocorre durante uma incisão cirúrgica ou pela ação de um instrumento rotatório nos canalículos dentinários durante o preparo cavitário em dente vital.

Os anestésicos locais são classicamente definidos como drogas que suprimem a condução do estímulo nervoso de forma reversível, promovendo a insensibilidade de uma região circunscrita do corpo.

Historicamente, a cocaína foi a primeira substância a ser usada como anestésico local em odontologia, a partir do final do século XIX. Por seus efeitos colaterais sérios, além do problema da farmacodependência, seu uso foi proscrito, sendo substituído pelo uso de anestésicos locais sintéticos. O primeiro deles foi a procaína, usada até a década de 1940. Nesse período foram sintetizados e comercializados vários anestésicos locais classificados como ésteres, entre os quais se destaca a procaína.

A partir de 1948, com a síntese e a introdução da lidocaína para uso clínico, iniciou-se a "era das amidas". O início do uso da lidocaína se tornou um marco porque esse grupo de anestésicos apresenta menor potencial alergênico em comparação com os ésteres. Atualmente, apenas anestésicos pertencentes ao grupo das amidas são utilizados na forma injetável em odontologia.

Para a execução de uma anestesia local eficaz, deve-se dar atenção a três fatores: o medicamento (solução anestésica local), o paciente e a técnica anestésica. Ou seja, é importante conhecer o estado geral de saúde do paciente e avaliar o tipo de procedimento odontológico para selecionar corretamente a solução anestésica local e a técnica anestésica apropriadas ao caso.

Neste capítulo trataremos dos dois primeiros fatores para uma anestesia odontológica eficaz: a solução anestésica e o paciente.

ESTRUTURA QUÍMICA DOS ANESTÉSICOS LOCAIS

A molécula de um anestésico local é composta de três partes: um grupo aromático, uma cadeia intermediária e um grupo terminal amino secundário ou terciário. Cada componente é um determinante importante na atividade anestésica.

O resíduo aromático confere propriedades lipofílicas à molécula, e o grupo amino permite solubilidade em água. Ambos são necessários e importantes para a expressão da atividade do anestésico local. A solubilidade lipídica (lipossolubilidade) é essencial para a penetração nas várias barreiras anatômicas existentes entre o local de administração do anestésico e seu local de ação. A hidrossolubilidade garante que, uma vez injetado em uma concentração eficaz, o anestésico local não vai se precipitar após a exposição ao fluido intersticial.

A cadeia intermediária da molécula é importante porque, além de permitir a separação espacial necessária entre as extremidades hidrofílica e lipofílica do anestésico local, confere propriedades diferentes no que diz respeito à biotransformação e à alergenicidade. De acordo com a cadeia intermediária, os anestésicos locais são classificados em dois grupos: os ésteres e as amidas (Fig. 2.1).

Para os anestésicos do tipo **éster**, a biotransformação inicia-se no plasma, pelas esterases. Os anestésicos do grupo **amida**, em sua maioria, dependem da biotransformação no fígado. Além disso, os ésteres apresentam maior potencial de induzir alergia, em razão do metabólito comum aos componentes deste grupo, o ácido para-aminobenzoico.

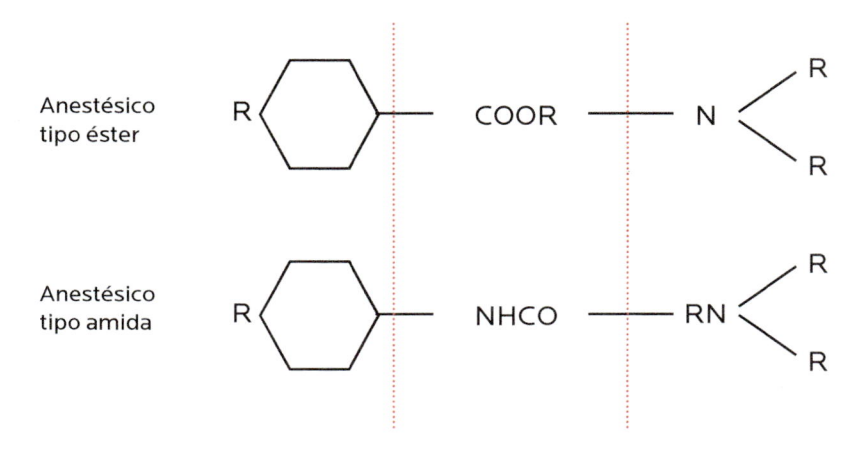

Figura 2.1 – Estrutura geral dos anestésicos do tipo éster e amida, apresentando um grupo lipofílico (em geral um anel benzênico ou tiofênico), um grupo hidrofílico (uma amina terciária ou secundária) e um grupo de ligação (éster ou amida).

Os anestésicos locais são bases fracas, pouco solúveis em água e instáveis quando expostas ao ar. Para o uso clínico, os anestésicos são adicionados a ácido clorídrico, formando assim um sal, o cloridrato, que apresenta maior solubilidade e estabilidade, permitindo assim sua comercialização. Nessa forma, os anestésicos locais apresentam **pH** ácido, variando de 5,5 (soluções sem vasoconstritor) a 3,3 (soluções com vasoconstritor).

MECANISMO DE AÇÃO DOS ANESTÉSICOS LOCAIS

Os anestésicos locais agem bloqueando a sensação de dor e inibindo a geração e a propagação dos impulsos nervosos periféricos para o SNC. Isso decorre de sua ação sobre a permeabilidade iônica das células nervosas.

Em repouso, a membrana do nervo é relativamente impermeável aos íons sódio, apresentando-se hiperpolarizada com potencial negativo. No entanto, a excitação do axolema por um estímulo apropriado aumenta a condutância temporária do sódio e, com isso, sua entrada para o interior da célula nervosa, com a consequente despolarização da célula. Em seguida, há a passagem dos íons potássio para o exterior. A repolarização é feita pela bomba de sódio e potássio, com a saída de íons sódio e a entrada de íons potássio, com gasto de energia.

Os anestésicos locais podem alterar a fluidez da membrana e a conformação do canal de sódio, impedindo sua abertura e, consequentemente, a entrada de íons sódio e a despolarização da membrana. Dessa forma, não ocorre a propagação do estímulo nervoso.

Para os anestésicos que apresentam um grupo hidrofílico, acredita-se que haja penetração na membrana axoplasmática e que a ligação com o canal de sódio ocorra na porção interna deste. Essa teoria ainda é a mais aceita atualmente, sendo conhecida como **teoria do receptor específico**,[1] ilustrada na Figura 2.2.

Figura 2.2 – Mecanismo de ação dos anestésicos de acordo com a teoria do receptor específico. Após a injeção, parte das moléculas do anestésico local fica na forma ionizada, e outra parte fica na forma não ionizada. Nesta última, as moléculas penetram no axoplasma, onde ocorre novamente o equilíbrio entre as formas ionizadas e não ionizadas. A forma ionizada liga-se aos canais de sódio, bloqueando a condução do impulso nervoso.

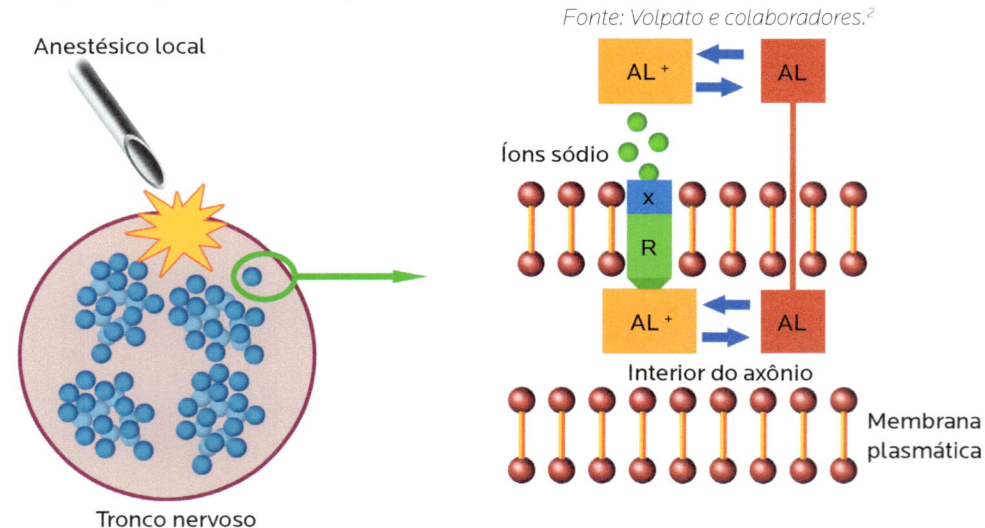

Fonte: Volpato e colaboradores.[2]

Anestésicos sem grupo hidrofílico, como a benzocaína (anestésico éster usado apenas para anestesia tópica), agem por alteração na conformação do canal em razão da expansão causada por sua penetração na membrana axoplasmática **(teoria da expansão da membrana).**[3,4]

Em fibras amielinizadas (terminações nervosas), a transmissão do impulso nervoso ocorre com a despolarização ponto a ponto ao longo da membrana. Entretanto, em fibras mielinizadas, a despolarização acontece somente nos nódulos de Ranvier (invaginação da fibra nervosa formada pela união das células de Schwann). Nesse caso, a propagação do impulso nervoso é mais rápida e é denominada impulso saltatório, já que a despolarização é segmentada.

Sendo sais de cloridrato, os anestésicos locais, quando injetados, podem apresentar parte de suas moléculas na forma ionizada e parte na forma não ionizada, dependendo do pH tecidual e do pKa do anestésico. As moléculas não ionizadas conseguem penetrar na membrana axoplasmática, chegando ao axoplasma, onde é restabelecido o equilíbrio entre moléculas ionizadas e não ionizadas. As moléculas ionizadas, por sua vez, ligam-se à porção interna dos canais de sódio, bloqueando a condução dos íons sódio. Dessa forma, não há despolarização do nervo e o impulso nervoso não é propagado (Fig. 2.2).

Anestésicos como a bupivacaína, que têm pKa elevado, apresentam maior proporção de moléculas na forma ionizada; são, portanto, incapazes de penetrar na membrana nervosa, apresentando assim maior tempo de latência, ou seja, o tempo necessário para o início do efeito anestésico é maior. Anestésicos com pKa mais próximos do pH tecidual normal (7,4) apresentam menor tempo de latência. A influência do pKa no tempo de latência dos anestésicos locais pode ser vista na Tabela 2.1.

A latência também pode ser afetada pelo pH tecidual. Locais inflamados, nos quais o pH pode ficar próximo de 6,0, geralmente tendem a apresentar maior dificuldade para a instalação da anestesia. Isso ocorre porque em pH ácido há predomínio da forma ionizada, que não consegue penetrar na membrana axoplasmática.

A afinidade de ligação ao canal de sódio é responsável por outra característica dos anestésicos locais: a **duração do efeito anestésico**. Anestésicos com maior afinidade pelas proteínas apresentam maior duração do efeito anestésico, pois permanecem ligados por tempo maior bloqueando a passagem dos íons sódio. Da mesma forma, quanto maior a lipossolubilidade, maior a capacidade de penetração na membrana axoplasmática e maior a potência do sal anestésico.

A duração da anestesia pode ainda ser afetada pela atividade vasodilatadora dos anestésicos locais. Anestésicos com grande capacidade de vasodilatação são absorvidos mais rapidamente para a corrente sanguínea, o que pode limitar sua utilização. A lidocaína é considerada padrão, e convencionou-se que sua atividade vasodilatadora é 1 (Tab. 2.1).

LEMBRETE

Nas fibras amielinizadas, o efeito anestésico se instala mais rapidamente e ocorre ao longo da fibra. Nas fibras mielinizadas, é necessário que pelo menos três nódulos de Ranvier sejam bloqueados para que o impulso nervoso não se propague.

LEMBRETE

Em função da vasodilatação, são adicionados vasoconstritores às formulações anestésicas para aumentar a duração da anestesia, como pode ser visto mais adiante neste capítulo.

TABELA 2.1 – Valores de pKa, latência e atividade vasodilatadora dos sais anestésicos disponíveis para uso odontológico no Brasil

ANESTÉSICO	PKA	LATÊNCIA (em minutos)	ATIVIDADE VASODILATADORA
Lidocaína	7,7	2 a 4	1
Articaína	7,8	2 a 4	1
Mepivacaína	7,9	2 a 4	0,8
Prilocaína	7,7	2 a 4	0,5
Bupivacaína	8,1	1 a 3 (infiltração) 2 a 14 (bloqueio)	2,5

COMPONENTES DAS SOLUÇÕES ANESTÉSICAS

Os anestésicos locais não são usados isoladamente, e sim sob a forma de soluções, que podem conter o sal anestésico propriamente dito, uma substância vasoconstritora, um veículo (geralmente água bidestilada) e um antioxidante. Algumas soluções anestésicas podem conter ainda uma substância bacteriostática, da família dos parabenos (como metilparabeno), para impedir a proliferação de microrganismos.[5]

O uso dessa substância nas soluções anestésicas para uso odontológico foi banido nos Estados Unidos e no Canadá na década de 1980, o que somente agora tem sido aplicado também no Brasil. Atualmente é possível encontrar vários anestésicos produzidos no Brasil sem a presença de parabenos. Isso é importante porque os parabenos apresentam como radical o ácido para-aminobenzoico, que é um potente indutor de alergia. Esse mesmo radical é produzido durante a metabolização dos anestésicos do tipo éster, muito utilizados antes da síntese e introdução da lidocaína como anestésico local.

O uso do bacteriostático se justifica em formas farmacêuticas para uso múltiplo, como é o caso de frasco-ampola. O tubete anestésico é uma forma farmacêutica de uso único, pois, mesmo que o conteúdo não tenha sido utilizado, havendo só a perfuração do diafragma do tubete pela agulha, este deve ser descartado para não haver contaminação posterior. Dessa forma, não se justifica a adição de bacteriostático na solução anestésica.

Os tipos de componentes de uma solução anestésica local de uso odontológico são os seguintes:

- Sal anestésico – lidocaína, prilocaína, mepivacaína, articaína, bupivacaína
- Antioxidante – bissulfito de sódio
- Vasoconstritor – epinefrina, norepinefrina, corbadrina, fenilefrina e felipressina
- Veículo – água bidestilada

SAIS ANESTÉSICOS LOCAIS

Os sais anestésicos disponíveis para uso odontológico no Brasil são lidocaína, mepivacaína, articaína, prilocaína e bupivacaína. Os quatro primeiros são considerados de duração intermediária de ação, pois, com a associação de vasoconstritores, apresentam duração de anestesia pulpar de cerca de 60 minutos. A bupivacaína é o único anestésico de longa duração disponível para uso odontológico. A seguir, são relacionadas as características principais de cada um desses sais anestésicos.

LIDOCAÍNA

Introduzida para uso clínico em 1948, a lidocaína ainda é considerada o anestésico local padrão do grupo amida. Comparada à procaína (primeiro anestésico sintético do grupo éster, utilizado na primeira metade do século XX), a potência de ação da lidocaína é 2 a 4 vezes maior, e sua toxicidade é 2 vezes maior.

A lidocaína é metabolizada por oxidação nos microssomos hepáticos em dois metabólitos principais: monoetilglicinexilidida e glicinexilidida. Ambos são ativos, podendo atuar em membranas excitáveis da mesma forma que a lidocaína. Em doses tóxicas, esses metabólitos também apresentam atividade sobre os sistemas cardiovascular (SCV) e nervoso central (SNC), da mesma forma que a lidocaína.[6] A excreção da lidocaína se dá por via renal, sendo mais de 80% na forma de metabólitos.

A meia-vida da lidocaína é em torno de 1,6 hora. Os níveis plasmáticos para o início de reações tóxicas são de 4,5 µg/mL no SNC e de 7,5 µg/mL no SCV.

A lidocaína apresenta tempo de latência em torno de 2 a 4 minutos e duração de anestesia pulpar entre 5 e 10 minutos, quando não associada a vasoconstritor, e entre 40 e 60 minutos quando combinada a vasoconstritor.[7,8]

Em tecidos moles, sua ação pode permanecer por cerca de 120 a 150 minutos.[8]

Alguns aspectos de importância clínica devem ser destacados.

- A lidocaína ainda é o anestésico local mais usado no mundo, por isso é considerada padrão. Em alguns países, porém, a articaína já está sendo usada em maior escala do que a lidocaína, como a Alemanha, por exemplo.

- Quando não associada a um vasoconstritor, a lidocaína tem um período de ação muito curto em virtude de seu potente efeito vasodilatador, o que promove sua rápida eliminação do local da injeção. Assim, essa formulação não apresenta interesse para uso injetável em odontologia.

- A lidocaína é eficaz como **anestésico tópico**, sendo comercializada no Brasil nas concentrações de 5 a 6% (pomada) e de 10% (spray). A eficácia desse anestésico para reduzir a dor à punção da agulha pode ser conseguida pela sua aplicação durante 2 minutos sobre a mucosa seca. Entretanto, a redução da dor à injeção de solução anestésica na região palatina não é conseguida, mesmo com tempos de aplicação mais longos.

- A solução com concentração de lidocaína a 10% deve ser usada com cautela. Não pode ser aplicada diretamente na boca do paciente, pois pode haver ingestão do anestésico, o que causa considerável desconforto. É mais adequado colocar o anestésico primeiramente em uma gaze estéril e posteriormente aplicá-la sobre a mucosa. Após a aplicação do anestésico tópico e a injeção da solução anestésica, o local de aplicação deve ser lavado para evitar a lesão da mucosa superficial.

MEPIVACAÍNA

A mepivacaína foi introduzida para uso clínico em 1960. Apresenta potência e toxicidade similares às da lidocaína. De modo semelhante à lidocaína e aos anestésicos locais do tipo amida em geral, sua metabolização se dá por oxidação nos microssomos hepáticos, e sua eliminação ocorre por via renal, sendo que até 16% do total não sofre metabolização. Os principais metabólitos são a m-hidroxi mepivacaína e a p-hidroxi mepivacaína.[6] A meia-vida plasmática da mepivacaína é de 1,9 hora.

A latência, da mesma forma que para a lidocaína, situa-se entre 2 e 4 minutos. Quando utilizada sem adição de vasoconstritor, apresenta duração de anestesia pulpar entre 20 (técnica infiltrativa) e 40 minutos (técnica de bloqueio). A associação com vasoconstritor aumenta a duração da anestesia pulpar para aproximadamente 60 a 90 minutos. Em tecidos moles, sua ação pode permanecer por cerca de 120 a 220 minutos, quando associada a um vasoconstritor.[9]

> **LEMBRETE**
>
> A mepivacaína possui pequeno poder vasodilatador em relação a outros anestésicos locais. Por esse motivo, pode ser utilizada para anestesias quando não é conveniente o uso de anestésico local associado a vasoconstritor.

PRILOCAÍNA

Da mesma forma que a mepivacaína, a prilocaína foi introduzida para uso clínico em 1960. A potência de ação é equivalente à da lidocaína, mas a toxicidade é cerca de 40% menor.

A prilocaína é o único anestésico local que, além do fígado, tem também os pulmões e os rins como locais de metabolização (embora em menor grau). Seus metabólitos principais são a n-propilalanina e a ortotoluidina.[6] Este último pode aumentar a oxidação da hemoglobina em metemoglobina e, dependendo da dose de prilocaína utilizada, pode promover metemoglobinemia (discutida mais adiante neste capítulo). Sua eliminação é renal, essencialmente na forma de metabólitos.[6] A meia-vida plasmática da prilocaína é similar à da lidocaína, em torno de 1,6 hora.[10]

A prilocaína apresenta tempo de latência de 2 a 4 minutos. Por ter baixa atividade vasodilatadora (50% menor do que a da lidocaína), pode ser usada sem vasoconstritor, na concentração de 4%. Essa formulação, não disponível para uso no Brasil, promove duração de anestesia pulpar entre 10 (técnica infiltrativa) e 60 minutos (técnica de bloqueio). Quando associada à felipressina, o tempo de anestesia

> **ATENÇÃO**
>
> Apesar de a prilocaína ser menos tóxica do que os demais sais anestésicos, o aumento na formação de metemoglobina recomenda maior cuidado no uso desse anestésico em pacientes com deficiência de oxigenação (por discrasias sanguíneas, alterações respiratórias ou cardiovasculares). Pelo mesmo motivo, deve ser evitado o uso concomitante com outros medicamentos que também podem aumentar os níveis de metemoglobina, como o paracetamol.

pulpar, após uso de técnica infiltrativa na maxila, varia entre 45 e 60 minutos.[7,11] Em tecidos moles, sua ação pode permanecer por cerca de 120 a 240 minutos, quando associada a um vasoconstritor.

ARTICAÍNA

A articaína foi introduzida para uso clínico em 1976, na Alemanha, inicialmente com o nome de carticaína. Sua potência é 1,5 vez a da lidocaína, enquanto a toxicidade é similar à desta.

A articaína é metabolizada inicialmente pelas colinesterases plasmáticas; posteriormente, sofre oxidação no sistema de microssomos hepáticos. Seu principal metabólito é o ácido articaínico, que é farmacologicamente inativo. Sua excreção é renal, sendo apenas 10% na forma não metabolizada. Em razão de a biotransformação começar no plasma, a meia-vida plasmática é mais curta do que a das demais amidas utilizadas em odontologia, em torno de 44 minutos após injeções intrabucais com a dose máxima recomendada, ou seja, de 500 mg.[12]

Esse anestésico apresenta tempo de latência de 2 a 4 minutos e duração de anestesia pulpar entre 50 e 70 minutos em técnica infiltrativa na maxila,[13] podendo chegar a 160 minutos após bloqueio do nervo alveolar inferior,[14] quando associada a um vasoconstritor. Em tecidos moles, sua ação pode permanecer por até 270 minutos.[9]

Alguns aspectos de importância clínica se destacam. A articaína é o único anestésico local com um anel tiofeno em sua terminação aromática. A presença desse anel tem sido relatada como responsável por sua maior difusão tecidual, permitindo seu uso em técnica infiltrativa, mesmo na mandíbula, dispensando assim o uso de técnicas anestésicas de bloqueio.[15] Além disso, segundo alguns trabalhos, é possível realizar exodontias na maxila apenas com a infiltração de articaína na região vestibular.[16,17]

ATENÇÃO

Por ser comercializada em concentração maior do que as demais amidas (4%), o uso da articaína em técnicas de bloqueio como do nervo alveolar inferior tem sido associado a um aumento na incidência de parestesia.[18-22]

SAIBA MAIS

Em alguns países, como a Alemanha, a articaína já está sendo usada em maior escala do que a lidocaína.

BUPIVACAÍNA

A bupivacaína foi introduzida para uso clínico na década de 1960 e para a odontologia mais tardiamente, no início dos anos 1980. No Brasil, passou a ser comercializada na forma de tubetes odontológicos a partir de 1990. Sua potência e sua toxicidade são 4 vezes maiores em comparação com a lidocaína.[6]

A bupivacaína é metabolizada inicialmente no fígado, sofrendo desalquilação em desbutil-bupivacaína, que apresenta um oitavo da toxicidade da bupivacaína. A excreção é renal, sendo apenas uma pequena parte na forma inalterada. A meia-vida plasmática é de 2,7 horas.[6]

Quando associada à epinefrina, em técnica de bloqueio do nervo alveolar inferior, a latência da bupivacaína varia de 10 a 16 minutos na região de molares e pré-molares. A duração da anestesia pulpar nesses mesmos dentes varia de 230 a 420 minutos. Em tecidos moles, sua ação pode permanecer por até 640 minutos.[23-25]

Alguns aspectos de importância clínica se destacam. Em odontologia, a bupivacaína é indicada para tratamentos de longa duração.

> **ATENÇÃO**
>
> Em virtude da ação prolongada da bupivacaína nos tecidos moles, podem ocorrer com maior frequência lesões inadvertidas dos tecidos. Por isso, seu uso não é recomendado para pacientes com idade inferior a 12 anos.

Embora a bupivacaína seja indicada para o controle da dor pós-operatória, tem sido demonstrado que esse controle é mais efetivo do que aquele proporcionado pela lidocaína apenas nas primeiras 4 horas após o procedimento cirúrgico. Após 24 horas do procedimento, a bupivacaína promove aumento da concentração de prostaglandina E2 (PGE-2), um mediador da inflamação, aumentando a intensidade da dor sentida pelo paciente. Dessa forma, seu uso para controle da dor pós-operatória tem sido questionado.[26]

BENZOCAÍNA

A benzocaína é o único anestésico do grupo éster disponível para uso odontológico no Brasil. Como não apresenta radical hidrofílico, é usada apenas como anestésico tópico.

⚡ Embora as reações alérgicas a anestésicos locais sejam raras, sua incidência é maior com o uso dos ésteres. Dessa forma, a benzocaína não deve ser usada em indivíduos com sensibilidade aos ésteres.

Após aplicação na mucosa previamente seca por 2 minutos, a benzocaína, na concentração de 20%, fornece anestesia da mucosa superficial, diminuindo de forma consistente a dor à punção, especialmente na região vestibular. Essa ação é menos eficaz na região palatina, assim como no local de punção para o bloqueio do nervo alveolar inferior.[27]

VASOCONSTRITORES

À exceção da cocaína, todos os sais anestésicos utilizados na odontologia (lidocaína, mepivacaína, prilocaína, articaína e bupivacaína) apresentam, nas concentrações clínicas, algum grau de vasodilatação. Como consequência, há aumento da passagem dessas substâncias para a corrente sanguínea, o que limita a duração do efeito anestésico. Com isso, a necessidade de uso de doses adicionais pode também aumentar a probabilidade de efeitos tóxicos, especialmente sobre o SNC.

A fim de aumentar o tempo de anestesia e diminuir a probabilidade de atingir níveis plasmáticos tóxicos pelo uso de grandes doses, os vasoconstritores são adicionados às soluções anestésicas locais. Dessa forma, não apenas a vasodilatação exercida pelos anestésicos locais é revertida, como também há diminuição efetiva no calibre dos vasos, podendo ser observada isquemia no local de injeção. Assim, outro importante efeito observado é a hemostasia, ou seja, redução da perda de sangue nos procedimentos que envolvem sangramento.

Dentre os vasoconstritores distinguem-se dois grupos distintos: as aminas simpatomiméticas e os derivados da vasopressina.

Conforme já visto no Capítulo 1, as aminas simpatomiméticas são assim denominadas por mimetizarem a ação do SNA simpático, ou seja, esses vasoconstritores exercem sua ação por interagir com os receptores alfa e beta-adrenérgicos. A ação vasoconstritora ocorre pela ação sobre os receptores alfa. Nesse grupo podem ser destacadas, em ordem decrescente de potência, a epinefrina, a norepinefrina, a corbadrina (ou levonordefrina) e a fenilefrina. Todas são obtidas sinteticamente para uso nas soluções anestésicas; porém, como já descrito, a epinefrina e a norepinefrina são neurotransmissores naturais do SNA simpático.

Segundo Malamed,[8] enquanto a epinefrina age tanto em receptores alfa (1 e 2) quanto beta (1, 2 e 3), a norepinefrina age mais em receptores alfa 1 e 2 (cerca de 90%) do que em receptores beta 1 (cerca de 10%). O mesmo ocorre com a corbadrina (75% em receptores alfa 1 e 2 e 25% em receptores beta 1 e 2) e a fenilefrina (95% em receptores alfa 1 e 2 e 5% em receptores beta 1 e 2).

A metabolização dessas aminas já foi explicada no Capítulo 1. A epinefrina, a norepinefrina e a corbadrina são catecolaminas; a fenilefrina não apresenta o grupo catecol e não sofre metabolização direta pela enzima COMT. Assim, apesar de ser menos potente, a fenilefrina pode promover vasoconstrição de duração mais prolongada.

Por sua maior segurança, dentre as aminas simpatomiméticas, a **epinefrina** é o vasoconstritor mais utilizado em vários países da Europa, nos Estados Unidos e no Canadá. No Brasil também tem aumentado de forma sensível o número de preparações anestésicas de uso odontológico contendo esse vasoconstritor.

Dos derivados da vasopressina, o único atualmente em uso em odontologia é a **felipressina.** Quimicamente, ela é um peptídeo composto por nove aminoácidos, apresentando uma ponte dissulfeto entre dois resíduos de cisteína presentes nas posições 1 e 6 (Fig. 2.3).

LEMBRETE

A norepinefrina, a corbadrina e a fenilefrina apresentam, respectivamente, 25, 15 e 5% da potência vasoconstritora da epinefrina.

$$\text{Cys-Phe-Phe-Gly-Asn-Cys-Pro-Lys-GlyNH}_2$$
$$\;\;\,|\hspace{4.5cm}|$$
$$\;\;\,S\text{---------------}S$$

Figura 2.3 – Sequência de aminoácidos da estrutura da felipressina.

A vasoconstrição promovida pela felipressina é decorrente de sua ação sobre os receptores V1 da vasopressina, com ativação da fosfolipase C e liberação de cálcio.[28,29] Comparada às aminas simpatomiméticas, a felipressina é o vasoconstritor menos potente, pois não age sobre os receptores alfa-adrenérgicos, e sua ação ocorre essencialmente do lado venoso da rede capilar.[30] Sendo o menos potente desse grupo de medicamentos, é associado ao sal anestésico que tem menor potência vasodilatadora, ou seja, a prilocaína. O Quadro 2.1 mostra as associações de sais anestésicos e vasoconstritores das soluções anestésicas para uso odontológico disponíveis comercialmente no Brasil.

QUADRO 2.1 – Formulações anestésicas disponíveis para uso odontológico no Brasil

SOLUÇÕES ANESTÉSICAS LOCAIS INJETÁVEIS	
Sal anestésico	Vasoconstritor
Lidocaína a 2%	Epinefrina a 1:50.000
	Epinefrina a 1:100.000
	Epinefrina a 1:200.000
	Norepinefrina a 1:50.000
	Fenilefrina a 1:2.500
	Sem vasoconstritor
Lidocaína a 3%	Norepinefrina a 1:50.000
Mepivacaína a 2%	Epinefrina a 1:100.000
	Norepinefrina a 1:100.000
	Corbadrina a 1:20.000
Mepivacaína a 3%	Sem vasoconstritor
Prilocaína a 3%	Felipressina a 0,03 UI/mL
Articaína a 4%	Epinefrina a 1:100.000
	Epinefrina a 1:200.000
Bupivacaína a 0,5%	Epinefrina a 1:200.000
FORMULAÇÕES PARA APLICAÇÃO TÓPICA (LOCAL)	
Lidocaína a 5% – pomada	
Benzocaína a 20% – gel	

Todos os vasoconstritores presentes nas soluções disponíveis para uso odontológico proporcionam aumento significativo da duração da anestesia. Entretanto, a epinefrina na concentração de 1:200.000 e a felipressina não promovem hemostasia tão eficaz quanto os demais vasoconstritores e as concentrações maiores de epinefrina.

Dentre as concentrações de epinefrina disponíveis, a 1:100.000 deve ser a de escolha, pois promove hemostasia adequada e aumento da duração da anestesia, podendo ser utilizada na maioria dos pacientes, conforme será discutido mais adiante neste capítulo. A concentração de 1:200.000 pode ser uma boa opção em pacientes com alteração sistêmica que apresentam restrição de dose de vasoconstritores.

Conforme descrito no Capítulo 1, quando administradas fora de um vaso sanguíneo, e em doses adequadas, as soluções anestésicas que contêm vasoconstritor devem apresentar apenas efeitos locais de anestesia e vasoconstrição. A injeção direta dentro de um vaso sanguíneo pode causar alteração da pressão arterial e da frequência cardíaca, podendo ou não resultar em consequências mais sérias, dependendo da condição sistêmica do paciente, conforme será visto mais adiante neste capítulo. As interações dos vasoconstritores com outros medicamentos utilizados pelo paciente serão apresentadas no Capítulo 3, sobre terapêutica medicamentosa.

DOSES MÁXIMAS DE SAL ANESTÉSICO E VASOCONSTRITOR

Para evitar a ocorrência de reações tóxicas, é necessário considerar, antes do atendimento do paciente, qual a dose máxima passível de ser administrada com segurança. A seguir, como forma de exemplo, mostra-se como é feito o cálculo da dose máxima em número de tubetes anestésicos de lidocaína a 2% possível de ser administrada em uma única sessão para uma criança de 20 kg, um adulto de 60 kg e um adulto de 100 kg.

Solução de lidocaína a 2% = 2 g do sal em 100 mL de solução =
20 mg/mL
Volume do tubete = **1,8 mL**
20 mg x 1,8 mL = **36 mg**

Assim, cada tubete anestésico contém 36 mg de lidocaína, quando empregada na concentração de 2%

Dose máxima de lidocaína = 4,4 mg/kg de peso corporal

Criança com 20 kg:
20 kg x 4,4 mg = **88 mg** (dose máxima)
88 mg ÷ 36 mg = **2,4 tubetes**

Adulto com 60 kg:
60 kg x 4,4 mg = **264 mg** (dose máxima)
264 mg ÷ 36 mg = **7,3 tubetes**

Adulto com 100 kg:
100 kg x 4,4 mg = **440 mg**
300 mg* ÷ 36 mg = **8,3 tubetes**

*Atenção: independentemente da massa corporal do indivíduo, há um **limite máximo total de 300 mg/sessão.**

> **ATENÇÃO**
>
> A dose máxima de sal anestésico depende da massa corporal do indivíduo. No entanto, há também um limite máximo total por sessão. Assim, no caso da lidocaína a 2%, no paciente com 100 kg, o cálculo atinge o valor de 440 mg; porém, o paciente pode receber no máximo 300 mg de lidocaína, que é a quantidade deste sal anestésico presente em 8,3 tubetes.

Para facilitar a visualização das doses máximas, na Tabela 2.2 são relacionadas as doses máximas de cada sal anestésico em mg/kg e as doses máximas totais em mg e em número de tubetes para cada sal anestésico disponível no Brasil.

TABELA 2.2 – Doses máximas para os anestésicos locais atualmente disponíveis no Brasil

ANESTÉSICO LOCAL	DOSE MÁXIMA (por kg peso corporal)	MÁXIMO ABSOLUTO (em mg independentemente do peso)	MÁXIMO ABSOLUTO (em número de tubetes independentemente do peso)
Lidocaína a 2%	4,4 mg	300 mg	8,3
Lidocaína a 3%	4,4 mg	300 mg	5,5
Mepivacaína a 2%	4,4 mg	300 mg	8,3
Mepivacaína a 3%	4,4 mg	300 mg	5,5
Articaína a 4%	7 mg	500 mg	6,9
Prilocaína a 3%	6 mg	400 mg	7,4
Bupivacaína a 0,5%	1,3 mg	90 mg	10

Fonte: American Dental Association.[31]

As doses máximas apresentadas na Tabela 2.2 são as recomendadas pelo Council on Dental Therapeutics da American Dental Association.[31]

Doses maiores podem ser encontradas em publicações odontológicas[32] e médicas.[33] Entretanto, deve-se considerar que o atendimento odontológico é feito em nível ambulatorial, e normalmente o dentista não dispõe de suporte adequado para atender a reações de toxicidade. Além disso, as doses máximas são calculadas para a maioria da população; há indivíduos (mais sensíveis) que podem apresentar sinais de toxicidade mesmo com doses inferiores às máximas. Dessa forma, é mais prudente considerar as doses máximas mais conservadoras.

Além da dose máxima do sal anestésico, é necessário ainda levar em consideração a **dose máxima do vasoconstritor**. As doses máximas dos vasoconstritores, tanto para pacientes saudáveis quanto pacientes com alteração cardiovascular controlada, são mostradas na Tabela 2.3.

Comparando as doses máximas relacionadas nas Tabelas 2.2 e 2.3 (para pacientes saudáveis), observa-se que o fator limitante para a dose máxima é o sal anestésico, com apenas duas exceções: quando a solução contém como vasoconstritor epinefrina 1:50.000 e quando o vasoconstritor é a fenilefrina 1:2.500. Como não há vantagem no uso da fenilefrina ou ainda da epinefrina nessa alta concentração, essas não devem ser a primeira escolha para uso.

Em pacientes com alteração cardiovascular compensada, o fator limitante é o vasoconstritor, como pode ser visto na Tabela 2.3.

TABELA 2.3 – Doses máximas de vasoconstritores para pacientes saudáveis e com alteração cardiovascular compensada

VASOCONSTRITOR	PACIENTES SAUDÁVEIS	PACIENTES COM ALTERAÇÃO CARDIOVASCULAR COMPENSADA
Epinefrina	0,2 mg	0,04 mg
	≅ 5,5 tubetes na concentração 1: 50.000	≅ 1 tubete na concentração 1:50.000
	≅ 10 tubetes na concentração 1:100.000	≅ 2 tubetes na concentração 1:100.000
	≅ 22 tubetes na concentração 1:200.000	≅ 4 tubetes na concentração 1:200.000
Norepinefrina	0,34 mg	-
	≅ 9 tubetes na concentração 1:50.000	
	≅ 18 tubetes na concentração 1:100.000	
Corbadrina	1 mg	-
	≅ 11 tubetes na concentração 1:20.000	
Fenilefrina	4 mg	-
	≅ 5 tubetes na concentração 1:2.500	
Felipressina	0,39 UI	0,18 UI (≅ 3 tubetes)[34]
	≅ 7 tubetes na concentração 0,03 UI/mL	0,27 UI (≅ 5 tubetes)[35]

CRITÉRIOS DE ESCOLHA DAS SOLUÇÕES ANESTÉSICAS LOCAIS EM ODONTOLOGIA

A escolha da solução anestésica deve levar em conta a duração da anestesia pulpar e a necessidade de hemostasia para a realização do procedimento, além das condições sistêmicas do paciente.

Para procedimentos com **curta duração**, ou seja, até 20 minutos de anestesia pulpar (quando do uso de técnica infiltrativa na maxila) ou 40 minutos (em técnica de bloqueio mandibular), a mepivacaína a 3% pode ser utilizada.

Procedimentos que demandem tempo de **anestesia pulpar acima de 30 minutos** podem ser realizados com uma das seguintes soluções:

- Lidocaína a 2% com epinefrina a 1:100.000 ou 1:200.000
- Mepivacaína a 2% com epinefrina a 1:100.000
- Articaína a 4% com epinefrina a 1:100.000 ou 1:200.000
- Prilocaína a 3% com felipressina a 0,03 UI/mL

Em procedimentos em que há necessidade de **controle do sangramento**, as soluções que contêm epinefrina na concentração 1:100.000 devem ser as de escolha, uma vez que a epinefrina na concentração 1:200.000 e a felipressina não promovem hemostasia tão efetiva.

Quando houver necessidade de **anestesia prolongada**, com duração de anestesia pulpar acima de 2 horas, como em tratamentos endodônticos mais complexos e ainda em cirurgias periodontais, paraendodônticas e implantodônticas, a solução de bupivacaína a 0,5% com epinefrina a 1:200.000 pode ser uma boa escolha.

O uso da solução de bupivacaína a 0,5% com epinefrina a 1:200.000 também pode ser interessante nos casos em que o paciente procura atendimento de urgência acusando dor de origem pulpar e há necessidade de espera para o atendimento. Isso ocorre, por exemplo, quando se aguardam os efeitos sedativos de um BDZ ou os níveis plasmáticos de um antimicrobiano, administrados no consultório, ou ainda quando o paciente precisa esperar pelo atendimento enquanto o dentista atende outro paciente. Embora a bupivacaína possa apresentar tempo de latência maior, como sua duração é prolongada, nesses casos o paciente pode ser anestesiado e aguardar pelo atendimento sem dor.

ANESTESIA LOCAL EM PACIENTES QUE REQUEREM CUIDADOS ADICIONAIS

A anestesia local odontológica não é um procedimento difícil e, comparativamente ao número de anestesias conduzidas anualmente no Brasil e no mundo, causa poucas complicações importantes.

Para a maioria dos pacientes, não há preocupação para a obtenção de uma anestesia eficaz e segura. No entanto, alguns grupos de pacientes requerem mais cuidados não apenas na escolha da solução anestésica mais adequada como também no atendimento odontológico em si, uma vez que este pode gerar ansiedade e estresse, podendo aumentar a liberação de epinefrina e norepinefrina pelas glândulas suprarrenais. Entre esses pacientes, destacam-se aqueles que apresentam alterações sistêmicas patológicas ou ainda fisiológicas, como as decorrentes da idade, ou condições especiais como a gestação e lactação, nas quais mais de um indivíduo pode ser afetado pelo tratamento. O Quadro 2.2 mostra as condições nas quais há necessidade de atenção especial do cirurgião-dentista, bem como as indicações de solução anestésica e a dose máxima.

Farmacologia, Anestesiologia e Terapêutica em Odontologia

QUADRO 2.2 – Soluções anestésicas de escolha para pacientes com alterações fisiológicas ou patológicas específicas

Crianças	Lidocaína a 2% com epinefrina a 1:100.000 ou 1:200.000 (a dose máxima deve ser calculada de acordo com a massa corporal do paciente)
Gestantes	Lidocaína a 2% com epinefrina a 1:100.000 ou 1:200.000 (não ultrapassar 2 tubetes por sessão de atendimento)
Lactantes	Lidocaína a 2% com epinefrina a 1:100.000 ou 1:200.000 (2 a 4 tubetes por sessão de atendimento)
Idosos	Avaliar a presença de patologias sistêmicas, escolhendo a solução anestésica de acordo com o procedimento e a condição de saúde sistêmica do paciente
Diabéticos	Não há recomendação específica de anestésico ou vasoconstritor para o paciente diabético, controlado ou não. A escolha deve levar em conta o tipo de procedimento e a presença de outras patologias sistêmicas que possam agravar a condição de saúde do paciente
Asmáticos	Na presença de alergia a bissulfito de sódio (mais comum nos asmáticos cujas crises só se resolvem com o uso de corticosteroides), deve-se usar prilocaína a 3% com felipressina a 0,03 UI/mL ou mepivacaína a 3% sem vasoconstritor. Não se deve usar anestésico contendo amina simpatomimética como vasoconstritor
Pacientes com doença renal crônica	Lidocaína a 2% com epinefrina a 1:100.000 ou 1:200.000 (usar menos de 2 tubetes por sessão)
Pacientes com doença hepática	Entrar em contato com o médico do paciente para avaliar o grau de alteração hepática (todos os anestésicos locais para uso odontológico são metabolizados no fígado)
Pacientes com porfiria hepática	Bupivacaína a 0,5% com epinefrina a 1:200.000. Caso o paciente já tenha sido tratado anteriormente com lidocaína ou mepivacaína e não tenha tido agravamento da doença, estas podem ser utilizadas. Caso ainda não tenha recebido anestésico local, deve-se preferir a bupivacaína
Pacientes com doença cardiovascular	Pacientes com alteração cardiovascular controlada podem receber no máximo 2 tubetes de anestésico local contendo epinefrina na concentração de 1:100.000 ou 4 tubetes contendo epinefrina na concentração de 1:200.000. Nesses pacientes, pode-se também usar a prilocaína a 3% associada à felipressina a 0,03 UI/mL (máximo de 3 tubetes) ou mepivacaína a 3%, caso o procedimento seja muito curto e não haja necessidade de controle do sangramento

CRIANÇAS

Em virtude de sua menor massa corporal, a criança pode acabar recebendo dose excessiva de solução anestésica, especialmente quando o dentista tenta realizar todos os procedimentos em uma única sessão, anestesiando vários quadrantes.

O cálculo de dose máxima já foi explicado anteriormente neste capítulo. Entretanto, para uma consulta rápida e fácil visualização, na Tabela 2.4 são mostradas as doses máximas de lidocaína, mepivacaína, articaína e prilocaína para pacientes com massa corporal de 10 a 40 kg.

É importante lembrar que a articaína não deve ser utilizada em pacientes menores de 4 anos, pois ainda não há estudos bem controlados que comprovem a sua segurança nessa faixa etária.

> **ATENÇÃO**
>
> A maioria dos casos fatais por sobredosagem do sal anestésico relatados na literatura ocorreu com crianças. Por isso, é extremamente importante conhecer as doses máximas recomendadas para cada sal anestésico.

TABELA 2.4 – **Doses máximas de lidocaína, mepivacaína, articaína e prilocaína para pacientes de 10 a 40 kg* (em número de tubetes)**

Anestésico local	Massa corporal do paciente						
	10 kg	15 kg	20 kg	25 kg	30 kg	35 kg	40 kg
Lidocaína a 2% Mepivacaína a 2%	1,2 tubetes	1,8 tubetes	2,4 tubetes	3 tubetes	3,6 tubetes	4,2 tubetes	4,8 tubetes
Lidocaína a 3% Mepivacaína a 3%	0,8 tubetes	1,2 tubetes	1,6 tubetes	2 tubetes	2,4 tubetes	2,8 tubetes	3,2 tubetes
Prilocaína a 3%	1,1 tubetes	1,6 tubetes	2,2 tubetes	2,7 tubetes	3,3 tubetes	3,8 tubetes	4,4 tubetes
Articaína a 4%	-	1 tubete *	1,3 tubetes	1,7 tubetes	2 tubetes	2,4 tubetes	2,7 tubetes

*Considerando que a criança já tem pelo menos 4 anos de idade.

LEMBRETE

O anestésico local mais indicado para uso em crianças é a lidocaína a 2% com epinefrina a 1:100.000 ou 1:200.000, por sua eficácia e segurança.[32]

O uso de anestésico sem vasoconstritor, imaginado por alguns como o mais seguro, pode na verdade aumentar a possibilidade de uso de dose excessiva. Assim, a mepivacaína, quando não associada a vasoconstritor, apresenta-se em concentração maior do que na formulação com vasoconstritor (3% e 2%, respectivamente), o que pode limitar o número de tubetes anestésicos (ver Tab. 2.4).

A prilocaína, por sua vez, pode aumentar a taxa de metemoglobina no sangue, o que pode limitar o seu uso, especialmente em pacientes que apresentam discrasias sanguíneas. Especialmente em crianças, Guay[36] sugere a redução da dose máxima de 6 para 2,5 mg/kg.

Anestésicos locais de longa duração de ação, como a bupivacaína, apresentam indicação restrita na odontologia. Assim, a bupivacaína não é indicada para uso em crianças, pois a anestesia prolongada pode aumentar o risco de lesão por mordedura em tecidos moles, como lábio, língua e bochecha.

IDOSOS

Com o passar da idade, várias funções fisiológicas apresentam alteração, resultando em diminuição dos processos farmacocinéticos e até modificações na interação dos medicamentos com seu local de ação. Dentre **as alterações farmacocinéticas** mais importantes nos idosos, podem ser citadas:

- menor absorção de ferro;
- diminuição da albumina plasmática;
- substituição de massa muscular por gordura;
- diminuição das reações de fase I do metabolismo.

LEMBRETE

A idade acima de 60 anos, por si só, não é um fator limitante para a anestesia local odontológica. A situação sistêmica do paciente deve ser levada em conta.

Os idosos também apresentam **maior incidência de doenças**, como alterações cardiovasculares, diabetes e doenças degenerativas. Assim, a escolha da solução anestésica e o limite máximo de tubetes a ser utilizado em cada sessão de atendimento devem ser pensados de acordo com o procedimento a ser realizado e a condição sistêmica do paciente.

Como muitos idosos apresentam anemia decorrente da menor absorção de ferro, deve-se considerar diminuição da dose máxima de prilocaína nesses pacientes.

GESTANTES E LACTANTES

Os fármacos usados em odontologia, como analgésicos, anti-inflamatórios, antimicrobianos e anestésicos locais, atravessam a barreira placentária por difusão passiva. No feto, sua metabolização é mais demorada; todos os anestésicos locais apresentam menor taxa de biotransformação no feto.

Nos Estados Unidos, a FDA (órgão que controla o registro e a comercialização de alimentos e medicamentos) classifica os fármacos com base no risco que podem causar ao feto da seguinte maneira:[37]

A – Sem risco aparente ao feto em estudos controlados em humanos; risco remoto de dano ao feto.

B – Sem evidência de risco em estudos em animais (e ausência de estudos em humanos) OU efeitos adversos observados em estudos em animais, porém não confirmados em estudos em humanos.

C – Efeitos adversos ao feto em estudos animais (e não há estudos controlados em humanos) OU não há estudos em animais e em humanos.

D – Evidência positiva de risco fetal em humanos, mas os benefícios do uso pela mãe podem superar os riscos em situações de risco à vida ou doença grave.

X – Anormalidades fetais demonstradas em estudos animais ou humanos OU evidência de risco fetal que supera um possível benefício da droga para a mãe.

De acordo com o critério da FDA, a classificação dos anestésicos locais mais comumente utilizados em odontologia é a seguinte:

- Bupivacaína – C
- Mepivacaína – C
- Prilocaína – B
- Articaína – C
- Benzocaína – C
- Lidocaína – B
- Epinefrina – C

Portanto, a mepivacaína, a bupivacaína e a articaína são classificadas como C (possível risco de teratogênese, por efeitos adversos demonstrados em estudos animais ou por ausência de estudos em animais e humanos). Assim, essas drogas só devem ser usadas se o benefício justificar o risco potencial. Os únicos anestésicos classificados como B (sem evidência de risco) são a lidocaína e a prilocaína. Com relação a este último, seu metabólito, a ortotoluidina, pode aumentar a taxa de metemoglobina no sangue (ver mais a esse respeito no item referente às complicações da anestesia local).

Além disso, deve-se ter em conta que parte das gestantes apresenta anemia durante a gestação e que no Brasil a prilocaína é associada à felipressina, um vasoconstritor derivado da vasopressina, com semelhança estrutural à ocitocina. Embora não haja comprovação de que a felipressina possa promover contração uterina nas doses utilizadas em odontologia, a existência de um anestésico local mais seguro faz com que a prilocaína não seja a primeira escolha.

A **lidocaína** tem sido utilizada como anestésico (e ainda como antiarrítmico) desde a década de 1940, sem evidência de risco para o feto. Dessa forma, a lidocaína a 2% com epinefrina na concentração de 1:100.000 ou 1:200.000 é a solução anestésica local de escolha para a gestante.

Da mesma forma que para a gestante, também se deve ter cuidado com a mulher na fase da **amamentação** (lactante), uma vez que os anestésicos locais podem ser excretados no leite. Foi demonstrado que a lidocaína pode ser usada de forma segura também nessas pacientes, sem causar risco ao lactente.[38] Nesses casos, devem-se usar no máximo 2 a 4 tubetes contendo lidocaína a 2% com epinefrina na concentração de 1:100.000 ou 1:200.000.

PACIENTES PORTADORES DE PATOLOGIAS SISTÊMICAS

LEMBRETE

Seja qual for a patologia, o paciente deve vir alimentado a todas as sessões de atendimento e tomar a medicação prescrita pelo médico para o controle da sua doença.

Dentre as patologias mais frequentemente observadas nos pacientes que procuram atendimento odontológico, destacam-se alterações cardiovasculares, diabetes, asma, doença renal crônica e doenças hepáticas. Neste capítulo destacamos apenas aquelas que exigem alteração na escolha da solução anestésica ou que demandam restrição na dose máxima.

O fator mais importante para o atendimento desses pacientes é **a anamnese bem realizada**, pois, por meio desta e da avaliação dos sinais vitais, podem-se obter informações a respeito do grau de controle da doença.

ALTERAÇÕES CARDIOVASCULARES

O estresse, a vida sedentária e os hábitos alimentares inadequados têm levado ao aumento da incidência das alterações cardiovasculares em indivíduos com menos de 40 anos. Aliados a esse fato, o desenvolvimento de fármacos e o melhor controle dos pacientes têm aumentado a sobrevida após um infarto do miocárdio ou um acidente vascular encefálico (conhecido popularmente como derrame). Assim, o atendimento desses pacientes no consultório odontológico tornou-se rotina.

A avaliação dos sinais vitais na primeira consulta é imprescindível para todos os pacientes. Aqueles que apresentam alteração cardiovascular devem ter esses parâmetros avaliados em todas as sessões de atendimento, pois podem sofrer variações consideráveis de uma sessão para outra.

Tem-se observado que muitos pacientes apresentam várias alterações e sobrevivem graças a um "coquetel" de medicamentos, como betabloqueadores, inibidores da enzima conversora de angiotensina (ECA), vasodilatadores coronarianos, antiagregantes plaquetários, anticoagulantes, hipoglicemiantes, etc. Assim, antes do atendimento odontológico, é necessário avaliar o grau de limitação física imposto pela condição sistêmica do paciente e solicitar avaliação médica.

A American Heart Association apresenta uma classificação da capacidade física (em equivalentes metabólicos – MET) para várias atividades, a fim de avaliar o grau de risco cardiovascular em pacientes que vão se submeter a cirurgias não cardíacas.[39] Quanto menor a capacidade física, maior é o risco cardiovascular para o atendimento odontológico do paciente.[40] Essa classificação apresenta os seguintes parâmetros de capacidade física:

- pacientes aptos a praticar esportes com grande exigência física, como natação e futebol – acima de 10 MET;
- pacientes que conseguem correr uma distância curta, subir um lance de escadas, fazer faxina na casa, dançar ou praticar esportes moderados – entre 4 e 10 MET;
- pacientes que apresentam dificuldade em realizar as atividades diárias normais, como comer, vestir-se, evacuar, andar pela casa ou percorrer uma distância de 100 a 200 m – abaixo de 4 MET.

Geralmente, a preocupação do dentista no atendimento a esses pacientes reside em poder ou não usar anestésico local com vasoconstritor e na quantidade máxima de tubetes a ser utilizada em cada sessão de atendimento. Na verdade, esta deve ser apenas uma das preocupações. O atendimento odontológico pode ser realizado de forma segura nos pacientes que apresentam alteração cardiovascular compensada, conforme detalhado a seguir. No entanto, devem-se também levar em conta outros fatores, como o tempo de atendimento e o grau de estresse causado pelo procedimento. Em geral, procedimentos mais demorados tendem a promover maior grau de ansiedade.

Os critérios para se considerar o paciente com alteração cardiovascular controlada são os seguintes:

- período mínimo de 4 a 6 semanas pós-infarto do miocárdio (avaliado pelo cardiologista do paciente);
- período mínimo de 3 meses pós-cirurgia de revascularização do miocárdio ("ponte" de veia safena ou artéria mamária);
- angina de peito estável (ausência de angina nas últimas 2 semanas);
- período mínimo de 6 meses pós-acidente vascular encefálico;
- valores de pressão arterial sistólica (PAS) e diastólica (PAD):
    - ideal – PAD ≤ 80 mmHg, PAS ≤ 120 mmHg,
    - aceitável – PAD ≤ 90 mmHg, PAS ≤ 140 mmHg,
    - tratamento odontológico – PAD ≤ 100 mmHg, PAS ≤ 160 mmHg;
- insuficiência cardíaca congestiva estável (avaliada pelo médico);

ATENÇÃO

Em pacientes ansiosos, é recomendável a sedação prévia com BDZ ou com a mistura de óxido nitroso e oxigênio. A anestesia deve ser eficaz e realizada de forma segura (em injeção lenta, após aspiração negativa).

QUADRO 2.3 – Recomendações para o atendimento seguro de pacientes com alteração cardiovascular, com a doença controlada

Estabelecer relação de confiança com o paciente	
Entrar em contato com o médico do paciente, se necessário	
Realizar sessões curtas na segunda metade do período da manhã	
Considerar a sedação mínima para o controle da ansiedade do paciente, de acordo com uma das seguintes opções:	Sedação inalatória com óxido nitroso/oxigênio durante o tratamento
	Diazepam 5 mg – 1 comprimido na noite anterior e outro 1 hora antes do atendimento
	Midazolam 7,5 mg – 20 a 30 minutos antes do atendimento
	Lorazepam 1 mg – 1 comprimido na noite anterior e outro 2 horas antes do atendimento
Aferir a pressão arterial e o pulso no início e durante o tratamento	
Aplicar anestesia local profunda (com vasoconstritor):	Felipressina – 0,03 UI/mL (até 3 tubetes)
	Epinefrina – 1:100.000 (até 2 tubetes) ou 1:200.000 (até 4 tubetes)
Realizar aspiração previamente à injeção, fazer injeção lenta (± 1,5 minuto para injeção de 1 tubete anestésico) e evitar injeções repetidas	
Deixar o encosto da cadeira menos inclinado para pacientes com insuficiência cardíaca congestiva a fim de evitar dispneia	
Nos casos de procedimentos que envolvem sangramento em pacientes que fazem uso de anticoagulantes, especialmente a varfarina, trocar informações com o médico que trata do paciente para verificar o seu RNI* atual.	

*Razão normalizada internacional do tempo de protrombina (RNI)

Exame que avalia a capacidade de coagulação do sangue e que é empregado com regularidade em pacientes que fazem uso de anticoagulantes, como a varfarina.

- frequência cardíaca em repouso < 100 bpm/min;
- nenhuma mudança recente na condição de saúde (incluindo medicação).

Dentre as alterações cardiovasculares, as mais comumente encontradas nos pacientes que procuram atendimento odontológico são hipertensão arterial, doença cardíaca isquêmica, insuficiência cardíaca congestiva, arritmias cardíacas e anormalidades das valvas cardíacas. A seguir, são destacadas as duas primeiras, por serem mais prevalentes.

a) Hipertensão arterial

A hipertensão arterial é a alteração cardiovascular mais frequente. Nem sempre o paciente tem consciência de que apresenta a condição, pois não apresenta sintomatologia específica. A persistência da PAS (máxima) acima de 160 mmHg pode aumentar a incidência de acidente vascular encefálico, enquanto a PAD (mínima) acima de 95 mmHg aumenta a chance de eventos coronarianos. A classificação atualmente aceita dos valores de pressão arterial é mostrada na Tabela 2.5.

Ao aferir a pressão arterial do paciente e constatar que se encontra alterada, o dentista deve aguardar mais 5 minutos e repetir o procedimento, a fim de comprovar a alteração. Se a pressão arterial estiver dentro dos limites do estágio 1, deve ser aferida nas sessões seguintes; se continuar alterada, o paciente deve ser encaminhado ao médico para avaliação e tratamento, caso necessário. Se a pressão arterial estiver no estágio 2, o paciente deve ser encaminhado diretamente ao médico.

TABELA 2.5 – Classificação dos valores de pressão arterial

CATEGORIA	Pressão arterial (mmHg)		
	Sistólica		Diastólica
Normal	< 120	e	< 80
Pré-hipertensão	120 a 139	ou	80 a 89
Hipertensão Estágio 1	140 a 159	ou	90 a 99
Estágio 2	≥ 160	ou	≥ 100

Fonte: Chobanian e colaboradores.[41]

O paciente com hipertensão arterial sob acompanhamento médico é considerado controlado quando apresenta PAS até 140 mmHg e PAD até 90 mmHg.[42] O atendimento odontológico pode ser realizado quando a PAS for inferior a 160 mmHg e a PAD for inferior a 100 mmHg. Nesses casos, é importante se certificar de que o paciente está tomando corretamente a medicação prescrita pelo seu médico e se de fato tomou a medicação no dia do atendimento, a fim de evitar aumento da pressão arterial.

Se os valores da pressão arterial estiverem no intervalo considerado como estágio 1 (PAS entre 140 e 159 mmHg e PAD entre 90 e 99 mmHg), deve ser empregada preferencialmente solução anestésica local contendo felipressina como vasoconstritor, ou seja, prilocaína a 3% com felipressina a 0,03 UI/mL, utilizando-se no máximo 3 tubetes anestésicos. Também podem ser usadas soluções anestésicas contendo epinefrina na concentração de 1:100.000 (até 2 tubetes) ou 1:200.000 (até 4 tubetes). Deve-se ainda proporcionar um ambiente tranquilo para o atendimento e realizar a técnica anestésica adequada, a fim de que o paciente não sinta dor durante o atendimento, pois a dor pode promover descarga de epinefrina e norepinefrina pelas glândulas suprarrenais, promovendo aumento da pressão arterial. Quando necessário, deve-se fazer a sedação do paciente previamente ao atendimento.

Pacientes com hipertensão no estágio 2 não são candidatos ao atendimento odontológico eletivo. Entretanto, pode ser realizado atendimento de urgência (pulpite, pericementite ou abscesso) em pacientes com PAS entre 160 e 180 mmHg e PAD entre 100 e 110 mmHg, desde que não apresentem outras complicações sistêmicas, como alterações coronarianas (ocorrência de angina ou infarto do miocárdio), acidente vascular encefálico, arritmias, insuficiência cardíaca congestiva ou diabetes. Na presença de diabetes, pode ocorrer infarto do miocárdio sem ocorrência de angina.

A urgência deverá ser tratada com uso de no máximo 2 tubetes de prilocaína a 3% com felipressina a 0,03 UI/mL, com técnica anestésica eficaz. O atendimento deve ser rápido (não excedendo 30 minutos) e de preferência sob sedação, com BDZ ou com a mistura de óxido nitroso e oxigênio.

No paciente que, além da hipertensão arterial, apresenta alguma das alterações sistêmicas relatadas, ou em pacientes com níveis

LEMBRETE

Em situações de estresse, como aquelas provocadas pela dor, a liberação de epinefrina e norepinefrina pelas suprarrenais pode aumentar em até 40 vezes em relação à liberação que ocorre em repouso.

pressóricos acima de 180/110 mmHg, o atendimento de urgência deve ser realizado em ambiente hospitalar, com acompanhamento médico.

b) Doença cardíaca isquêmica

A doença cardíaca isquêmica é uma alteração obstrutiva das artérias coronárias que leva à diminuição da irrigação sanguínea do miocárdio. Dessa forma, em condições em que o músculo cardíaco é mais exigido, a irrigação pode tornar-se insuficiente e gerar isquemia.

Quando a isquemia é transitória, o indivíduo pode apresentar sensação de dor ou queimação na região retroesternal que pode irradiar-se para o pescoço, a mandíbula, o braço esquerdo e ainda para a região epigástrica. A dor é aliviada com repouso e com a administração de vasodilatadores coronarianos. Por causa da sensação de dor e da pressão retroesternal, essa condição é conhecida como angina (do latim, *angere* = apertar).

Quando a isquemia permanece, ocorre necrose de uma área da musculatura cardíaca, denominada infarto do miocárdio. Nesse caso, a lesão é permanente e, dependendo da área e extensão, pode levar ao óbito.

O atendimento odontológico pode ser realizado nos indivíduos com angina estável que não tenham apresentado episódios nas duas semanas anteriores. Tem sido demonstrado que o uso de solução anestésica contendo epinefrina na concentração de 1:100.000, em volume de até 3,6 mL (contido em 2 tubetes anestésicos), é seguro e não aumenta o risco cardiovascular do paciente, desde que a técnica anestésica realizada seja eficaz e que a prescrição dos medicamentos pelo cardiologista seja mantida.[43,44]

Em pacientes infartados, antigamente havia a recomendação de não realizar tratamento odontológico nos primeiros 6 meses após o evento, pois a probabilidade de recorrência do infarto era maior nesse período. Entretanto, tem sido demonstrado que é possível o atendimento desses pacientes, de forma segura, em período mais curto pós-infarto do miocárdio (4 a 6 semanas), dependendo da avaliação da capacidade física do paciente feita pelo médico.[45] Portanto, a avaliação médica é imprescindível antes do atendimento do paciente.

No caso das urgências odontológicas (pulpites, pericementites ou abscessos), pacientes com angina instável ou recém-infartados devem ser atendidos em ambiente hospitalar, com acompanhamento médico.

DIABETES MELITO

Embora as aminas simpatomiméticas (epinefrina, norepinefrina, levonordefrina e fenilefrina) possam aumentar a glicemia por promoverem a quebra do glicogênio hepático em glicose, não há contraindicação absoluta ao uso desse tipo de vasoconstritores em pacientes diabéticos, estejam ou não controlados. É necessário, entretanto, avaliar se há outras alterações sistêmicas que possam restringir a dose da solução anestésica local.

ASMA BRÔNQUICA

Dentre os pacientes portadores de asma brônquica, aqueles cujas crises demandam uso de corticosteroides apresentam maior tendência **à alergia aos bissulfitos** (8,1%), antioxidantes adicionados às soluções anestésicas que contêm qualquer amina simpatomimética como vasoconstritor.[46] Nos pacientes alérgicos ao bissulfito de sódio, as opções de solução anestésica restringem-se à prilocaína a 3% com felipressina a 0,03 UI/mL e à mepivacaína a 3% (sem vasoconstritor).

A ocorrência de estresse durante o atendimento odontológico e a presença de odores irritantes podem desencadear a crise asmática. Se o paciente fizer uso de broncodilatador em aerossol, deve-se solicitar que ele o leve em todas as sessões de atendimento, para uso em caso de ocorrência de crise asmática durante a consulta.

DISFUNÇÃO HEPÁTICA E RENAL

Pacientes com alteração da função hepática requerem contato com o médico responsável previamente ao atendimento odontológico, a fim de conhecer o grau da disfunção e saber se o paciente pode se submeter à anestesia local, uma vez que todos os anestésicos locais injetáveis disponíveis para uso odontológico são metabolizados pelo fígado. Mesmo a articaína, que tem sua biotransformação iniciada no plasma, apresenta metabolização hepática.

As alterações renais, por sua vez, não são contraindicação absoluta ao uso de anestésicos locais. Entretanto, a dose deve ser bastante restringida. Estudo em voluntários com disfunção renal moderada e severa e em pacientes em uso de hemodiálise demonstrou que a lidocaína a 2%, na dose de 1 mg/kg, pode ser usada com segurança nesses indivíduos. Esse estudo demonstrou também que os pacientes em hemodiálise apresentavam níveis plasmáticos menores de lidocaína e de seus metabólitos ativos quando comparados ao grupo de pacientes com doença renal severa que não realizavam hemodiálise.[47]

Nos pacientes com doença renal, submetidos ou não à hemodiálise, deve-se usar lidocaína a 2% associada à epinefrina a 1:100.000 ou 1:200.000, na menor dose possível, não excedendo o máximo de 2 tubetes anestésicos por sessão de atendimento. Nos pacientes tratados com hemodiálise, deve-se fazer o atendimento odontológico no dia seguinte ao da hemodiálise.[48]

CONTRAINDICAÇÃO: A prilocaína deve ser evitada nos pacientes com doença renal devido ao maior risco de metemoglobinemia (há mais detalhes sobre metemoglobinemia mais adiante neste capítulo).

PORFIRIA HEPÁTICA

As porfirias hepáticas compreendem um grupo de doenças hereditárias de caráter autossômico dominante, nas quais há distúrbio em vários pontos da síntese do grupo heme da hemoglobina. Podem ocorrer manifestações abdominais (dores, náusea e vômito com ou sem febre e leucocitose) e/ou neurológicas (sensibilidade e motricidade anormais, convulsão e manifestações neuropsiquiátricas, como histeria, ansiedade, depressão, fobias, psicoses, além de alteração de consciência que varia de sonolência a coma).

A maior prevalência da porfiria hepática ocorre em mulheres, e os fatores desencadeantes são hormônios, estresse e drogas porfirinogênicas. O Quadro 2.4 mostra os medicamentos que podem ser usados com segurança nesses pacientes e ainda os que podem desencadear o distúrbio.

ATENÇÃO

Embora a mepivacaína e a lidocaína sejam contraindicadas a pacientes com porfiria, elas podem ser usadas caso o paciente já tenha recebido esses anestésicos sem desencadeamento da crise. Se o paciente ainda não foi submetido a tratamento sob anestesia local, deve-se usar a bupivacaína.[49]

QUADRO 2.4. – Fármacos de uso odontológico, indicados ou contraindicados em pacientes portadores de porfiria hepática

Fármacos indicados	Fármacos contraindicados
Paracetamol	Eritromicina
Ibuprofeno	Miconazol
Codeína	Mepivacaína
Dexametasona	Lidocaína
Diazepam	
Difenidramina	
Óxido nitroso	
Cefalosporinas	
Penicilinas	
Bupivacaína	

Fonte: Adaptado de Moore e Coke.[49]

COMPLICAÇÕES DECORRENTES DA ANESTESIA LOCAL

As complicações decorrentes da anestesia local odontológica podem ser classificadas como locais ou sistêmicas, e serão descritas a seguir.

COMPLICAÇÕES LOCAIS

As complicações locais incluem sensação de dor ou ardor durante a anestesia, trauma de lábio, descamação epitelial, parestesia, paralisia do nervo facial, hematoma, trismo, edema, necrose do palato, infecção e fratura de agulha. As quatro primeiras são as mais comuns e geralmente têm resolução simples, enquanto as duas últimas são extremamente raras.

A Tabela 2.6 mostra as complicações locais com as causas mais prováveis, a prevenção e, quando cabível, o tratamento. Como a infecção raramente se deve à anestesia local, e nesse caso pode estar associada a edema e trismo, seu tratamento está descrito conjuntamente com o trismo.

TABELA 2.6 – **Complicações locais decorrentes da anestesia local**

COMPLICAÇÃO	CAUSA	PREVENÇÃO	TRATAMENTO
Sensação de dor ou ardor durante a anestesia	Injeção rápida Uso repetido da mesma agulha (bisel com rebarbas) Motivação negativa do paciente ("vai doer só um pouquinho")	Realizar anestesia tópica efetiva, com secagem do local e aplicação do anestésico por 2 min Aplicar injeção lenta Evitar uso repetido da mesma agulha (avaliar o bisel antes da injeção) Não deixar o tubete imerso em soluções desinfetantes	
Descamação epitelial	Uso de anestésico tópico concentrado por tempo prolongado, sem removê-lo da mucosa	Manter o anestésico tópico por 2 min na mucosa Lavar o local após a injeção da solução anestésica local	
Trauma de lábio	Uso de técnicas e soluções que promovem longa duração da anestesia Falha em avisar o paciente e os responsáveis para não morder os tecidos moles com a intenção de "testar a anestesia"	Avisar o paciente e o responsável sobre a possibilidade de lesão, pois os tecidos estão anestesiados Não comer durante a vigência da anestesia e tomar cuidado com líquidos quentes, pois a percepção estará alterada	Caso necessário, passar vaselina na lesão de lábio para evitar ressecamento Administrar analgésico se a criança reclamar de dor Se necessário, em casos mais extremos, anestesiar os tecidos para remover a área de necrose e permitir o reparo tecidual

(Continua)

(Continuação)

COMPLICAÇÃO	CAUSA	PREVENÇÃO	TRATAMENTO
Parestesia	Lesão do nervo decorrente de: Técnica anestésica inadequada, forçando a agulha de encontro ao osso, formando um "anzol" que pode "rasgar" os tecidos quando a agulha é retirada Solução anestésica contaminada (tubetes imersos em soluções desinfetantes) Solução anestésica concentrada (p. ex., articaína a 4% com epinefrina e prilocaína a 4%, com ou sem vasoconstritor; esta última não está disponível comercialmente no Brasil) Hemorragia dentro ou ao redor da bainha de mielina	Usar a técnica correta, sem forçar o bisel de encontro ao osso Não deixar tubetes imersos em solução desinfetante – a desinfecção do tubete deve ser realizada com gaze estéril e solução à base de álcool a 70% Evitar usar articaína em técnica de bloqueio (prilocaína a 4% não está disponível para uso no Brasil)	Avaliar a extensão e a profundidade da parestesia a cada 15 ou 20 dias, anotando na ficha do paciente para acompanhar a evolução (a resolução pode levar semanas ou meses) O uso de complexo vitamínico B (B1, B6 e B12) teoricamente pode ser útil, uma vez que é importante para a síntese de DNA; entretanto não há comprovação científica de sua eficácia Há relatos de melhora com o uso de terapia com *laser* de baixa potência
Paralisia do nervo facial	Técnica incorreta, com introdução excessiva da agulha e injeção do anestésico próximo à cápsula da glândula parótida, onde passa o nervo facial, promovendo sua anestesia e ausência da motricidade dos músculos faciais	Usar técnica correta de bloqueio dos nervo alveolar inferior e lingual, introduzindo cerca de 2,5 cm da agulha, encontrando resistência óssea previamente à injeção	Acalmar o paciente, relatando que o problema é transitório. A função muscular volta ao normal após o retorno da anestesia Retirar lente de contato do lado afetado Dispensar o paciente após o retorno ao normal
Hematoma	Lesão de vaso sanguíneo durante a realização da técnica anestésica	Usar técnica correta, com adequação à anatomia do paciente	Fazer a compressão do local com aplicação de gelo para promover vasoconstrição, caso a complicação seja detectada imediatamente após a injeção Aplicar compressas quentes no local 24 horas depois para promover vasodilatação e remoção mais rápida do conteúdo sanguíneo extravasado Se o hematoma ocorrer na região do túber da maxila ou do forame mandibular (após bloqueio do nervo alveolar superior posterior ou alveolar inferior/lingual, respectivamente), podem ocorrer também edema e trismo. Nesses casos, deve-se tratar o trismo

(Continuação)

COMPLICAÇÃO	CAUSA	PREVENÇÃO	TRATAMENTO
Trismo	Lesão ou irritação de fibras musculares por: Erro de técnica no bloqueio do nervo alveolar superior posterior ou alveolar inferior/lingual (lesão mecânica ou decorrente de hemorragia no local) Uso de solução anestésica local contaminada, promovendo infecção no local, ou contaminação por resíduo de desinfetante, quando os tubetes anestésicos são (erroneamente) mantidos imersos em solução desinfetante	Usar técnica adequada ao paciente e manusear corretamente o tubete anestésico (fazer a desinfecção com gaze estéril e solução desinfetante) Evitar uso repetido da agulha	Prescrever fisioterapia para aumentar a irrigação sanguínea do local e facilitar a recuperação. Devem ser prescritos movimentos de abertura/fechamento e de lateralidade da mandíbula, durante 5 min a cada 4 horas. Para facilitar a realização dos movimentos, pode-se receitar o uso de goma de mascar sem açúcar Dependendo do grau de limitação de movimentos imposta pela dor, receitar analgésico associado a relaxante muscular (p. ex., dipirona associada a orfenadrina, 1 comprimido a cada 6 horas) Em casos com limitação maior da abertura bucal, pode ser receitado um relaxante muscular mais potente e um analgésico, como dipirona (500 mg a cada 4 horas) ou paracetamol (750 mg a cada 6 horas) Instituir dieta pastosa, a fim de facilitar a alimentação do paciente Reavaliar o paciente após 48 horas. Nesse período deve haver melhora significativa do quadro, devendo ser retirada a medicação, mantendo-se a fisioterapia Caso não haja indício de melhora ou ainda se houver aumento do edema e dor no local, é possível que haja infecção. Nesse caso, deve ser instituída antibioticoterapia adequada. Deve-se avaliar o caso levando em consideração o quadro inicial do paciente antes do primeiro atendimento e ainda o procedimento odontológico realizado

(Continua)

(Continuação)

COMPLICAÇÃO	CAUSA	PREVENÇÃO	TRATAMENTO
Edema	Causa local: trauma causado por técnica incorreta, com lesão muscular ou de vasos sanguíneos, gerando hemorragia no local, injeção de solução contaminada com desinfetantes e, mais raramente, por infecção no local Causa sistêmica: alergia a algum componente da solução anestésica	Realizar técnica correta adequada à anatomia do paciente, evitando injeções repetidas Manusear corretamente o instrumental para a anestesia local Fazer anamnese correta para evitar ocorrência de reações alérgicas que, apesar de raras, podem levar ao óbito, como no caso das reações anafiláticas	Instituir a terapia adequada de acordo com a causa do edema (hemorragia, trismo, infecção ou alergia) Na ocorrência de alergia, avaliar o grau de severidade do quadro Reações cutâneas localizadas podem ser tratadas com anti-histamínicos (inibidores de receptores H1) por via oral Casos mais graves, envolvendo edema de glote com dificuldade respiratória e diminuição da pressão arterial (choque anafilático), requerem tratamento de emergência com administração de epinefrina e possivelmente traqueotomia para manter a respiração e circulação adequadas do paciente[50]
Necrose do palato	Uso de dose excessiva de anestésico local contendo vasoconstritor no palato	Usar a dose correta de anestésico local contendo vasoconstritor na região palatina, com cuidado especial durante a realização de incisão e retalho cirúrgico nessa região, pois pode haver comprometimento da irrigação sanguínea do local	Se a lesão envolver apenas o epitélio de uma região pequena no palato, deve-se recomendar ao paciente evitar alimentos ácidos e condimentados até a completa reepitelização do local Se a lesão for extensa, pode haver necessidade de anestesiar o local para remover a área de necrose Caso não seja possível o recobrimento do local com cimento cirúrgico, deve-se fazer previamente a moldagem do paciente para a confecção de uma placa acrílica que proteja o local durante a cicatrização Se houver exposição de osso, será necessário fazer um retalho da mucosa na área próxima à lesão para recobrir o osso exposto Prescrever analgésico ao paciente e acompanhar a sua recuperação

(Continua)

(Continuação)

COMPLICAÇÃO	CAUSA	PREVENÇÃO	TRATAMENTO
Fratura da agulha	Movimentação brusca da cabeça do paciente durante a realização da anestesia, na qual a agulha foi introduzida totalmente nos tecidos, impedindo sua remoção após a fratura	Usar agulha de comprimento adequado à técnica a ser realizada, mantendo pelo menos 0,5 cm para fora dos tecidos Avisar o paciente para manter a cabeça imóvel durante a realização do procedimento Ao anestesiar crianças ou pacientes muito ativos, segurar a sua cabeça e manter a sua boca aberta, a fim de evitar a complicação; se esta ocorrer, possibilitar a remoção da agulha do local	Se houver parte da agulha fora dos tecidos, manter a boca do paciente aberta e retirar o fragmento com o auxílio de uma pinça clínica ou um porta-agulhas Se não houver fragmento visível fora dos tecidos, encaminhar o paciente a um especialista em cirurgia bucomaxilofacial. Se o fragmento estiver em posição superficial e favorável, poderá ser removido; caso contrário, será deixado no local. Estando estéril, a agulha será reconhecida dentro dos tecidos como um corpo estranho e será envolvida por uma cápsula fibrosa O paciente deve ser comunicado do ocorrido, inclusive com a explicação de que a agulha não removida ficará naquele local (o leigo pode ser levado a crer que a agulha pode migrar para a corrente sanguínea e chegar ao coração)

COMPLICAÇÕES SISTÊMICAS

A maior parte das emergências médicas no consultório odontológico ocorre durante ou logo após a realização da anestesia local. Esses eventos podem ser:

- diretamente relacionados com solução anestésica aplicada;
- decorrentes de sobredosagem do sal anestésico ou do vasoconstritor;
- reações alérgicas aos componentes da solução anestésica;
- influenciados pela condição sistêmica ou psicológica do paciente.

A seguir serão abordadas, de forma sucinta, as reações de sobredosagem, alergia e metemoglobinemia. O tratamento dessas condições envolve o suporte básico de vida (SBV), que pode ser visto em detalhes no livro *Emergências Médicas em Odontologia*.[50]

As complicações sistêmicas são facilmente evitáveis por meio do conhecimento da condição sistêmica do paciente (obtido pela anamnese e pela avaliação dos sinais vitais) e da realização de técnica anestésica segura (em dose adequada ao procedimento e à condição sistêmica do paciente).

LEMBRETE

A aspiração prévia à injeção, bem como a injeção lenta da solução, não são "perda de tempo"; ao contrário, garantem segurança no atendimento do paciente.

SOBREDOSAGEM DO SAL ANESTÉSICO

A sobredosagem do sal anestésico é uma complicação rara, especialmente em pacientes adultos.[51] A anestesia local pode ser obtida com uso de 1 a 2 tubetes de anestésico local, tanto na maxila quanto na mandíbula, para a realização da maioria dos procedimentos odontológicos. Uma rápida olhada no cálculo de dose máxima nos permite comprovar que é pouco provável ultrapassar a dose máxima recomendada em adultos quando se realiza técnica anestésica correta.

Entretanto, em **crianças**, especialmente na faixa etária até os 6 anos, a sobredosagem pode não ser tão incomum. Há vários relatos de sobredosagem de anestésico local nesse grupo de pacientes publicados na literatura, muitos dos quais combinam sobredosagem de anestésicos locais com outros depressores do SNC.[51-56] Essa constatação reforça ainda mais a necessidade de conhecimento da dose máxima que o paciente pode receber, antes do início do tratamento.

Como explicado anteriormente, o anestésico local age bloqueando os canais de sódio, deprimindo a excitabilidade da membrana. Essa depressão ocorre não apenas no terminal nervoso do local onde o anestésico foi injetado, mas em todas as membranas excitáveis, uma vez que o sal anestésico tenha sido absorvido para a corrente sanguínea e distribuído pelo organismo. Assim, dependendo da dose utilizada, pode ser observada não apenas a anestesia no local, mas também **ações sistêmicas**.

> A sobredosagem pode ocorrer por injeção intravascular acidental de uma dose inferior à dose máxima que o paciente poderia receber (denominada sobredosagem relativa) ou ainda por administração de dose excessiva nos tecidos, fora da luz do vaso sanguíneo (sobredosagem absoluta).

A injeção intravascular acidental pode gerar resposta adversa imediata, pois o anestésico local pode atingir rapidamente altas concentrações no SNC. No caso de dose excessiva, pode levar algum tempo até a solução ser absorvida e seus efeitos serem então observados.

A sobredosagem do sal anestésico pode afetar o SNC e o SCV. O SNC é mais sensível e, assim, as reações tóxicas podem ser primeiramente observadas nesse local. Entretanto, caso a dose utilizada seja muito alta, podem ser observadas reações tanto no SNC quanto no SCV (Tab. 2.7).

Embora os anestésicos locais sejam depressores do SNC, as primeiras reações observadas são de estimulação (Tab. 2.7). Isso ocorre porque os primeiros neurônios afetados são aqueles com atividade excessiva (como focos de reações convulsivas) e os neurônios reguladores. Dessa forma, dependendo da dose do anestésico local, o efeito pode ser benéfico (anticonvulsivante) ou evoluir para efeitos indesejáveis. Quando os neurônios reguladores são afetados, deixa de haver a inibição natural no SNC. Podem ser observadas contrações involuntárias de grupos musculares, com risco de evolução para a convulsão generalizada.

TABELA 2.7 – Efeitos da sobredosagem de sal anestésico

CONCENTRAÇÃO PLASMÁTICA DO ANESTÉSICO LOCAL (p. ex.: lidocaína)	EFEITOS		
De 0,05 a 4 µg/mL	Efeitos anticonvulsivantes (0,05 a 4 µg/mL) e antiarrítmicos (1,5 a 5 µg/mL)		
	Efeitos da fase estimulatória		Efeitos da fase depressora (pós-estimulação)
De 4 a 7 µg/mL	Sintomas: Apreensão Fala abundante e desconexa Contração de grupos musculares isolados Tremor nas mãos e nos pés	Sinais: Sensação de tontura "Zumbido" nos ouvidos Visão desfocada Anestesia na região perioral e na língua Aumento de pressão arterial, frequência cardíaca, ritmo e frequência respiratória	Fraqueza muscular Sonolência Diminuição mínima da frequência cardíaca e da profundidade respiratória
Acima de 7 µg/mL		Convulsão tônico-clônica Aumento da frequência cardíaca e da pressão arterial Ineficácia da respiração durante a convulsão	Depressão dos centros medulares e corticais Ausência de resposta Inconsciência, que pode evoluir para coma, dependendo da intensidade da dose Depressão das funções cardiovascular e respiratória

No SCV, dependendo da dose, podem ocorrer desde ações antiarrítmicas até a parada cardíaca. Após a fase estimulatória inicial, ocorre uma fase de depressão, com intensidade e duração comparáveis às da fase estimulatória. Entretanto, doses muito elevadas podem causar depressão mesmo sem a fase estimulatória inicial.

Ao observar sinais de toxicidade, o dentista deve interromper o procedimento odontológico e avaliar a intensidade da reação para proporcionar tratamento adequado. Reações leves podem se resolver sem a necessidade de intervenção, pois os sinais e sintomas desaparecem com a biotransformação do anestésico e a diminuição dos níveis plasmáticos. O paciente deve ser posicionado em decúbito dorsal (deitado de costas) para melhorar o retorno venoso.

Caso ocorra **convulsão**, devem-se afrouxar roupas apertadas e afastar tudo que possa provocar ferimento no paciente, tomando-se especial cuidado com a sua cabeça. A ocorrência de convulsão prolongada (acima de 30 segundos) pode requerer intervenção farmacológica, com a administração de BDZs (diazepam ou midazolam), pois as

> **ATENÇÃO**
>
> As reações mais severas exigem pronto atendimento para a manutenção da vida do paciente. Assim, caso necessário, devem ser iniciadas as manobras de SBV.

contrações prolongadas podem promover acidose respiratória e tecidual pelo acúmulo de ácido lático decorrente das contrações musculares. Além disso, durante a convulsão não há respiração eficaz e oxigenação dos tecidos.

Na acidose ocorre diminuição do pH plasmático, o que pode facilitar a ocorrência de novos episódios de convulsão. Nesse caso, a fase depressora será de igual proporção e intensidade, podendo haver comprometimento da respiração e da circulação sistêmica.

SOBREDOSAGEM DO VASOCONSTRITOR

A sobredosagem do vasoconstritor normalmente diz respeito ao uso inadequado dos vasoconstritores do grupo das aminas simpatomiméticas (epinefrina, norepinefrina, corbadrina e fenilefrina). O uso inadequado ocorre quando é realizada injeção intravascular acidental, quando se utiliza dose excessiva em relação à condição sistêmica do paciente (geralmente portadores de alteração cardiovascular) ou ainda em decorrência da ansiedade em relação ao tratamento odontológico, com estimulação das glândulas suprarrenais.

Em geral, em pacientes sem comprometimento sistêmico, o fator limitante em relação à dose de uma solução anestésica é o sal anestésico, e não o vasoconstritor (conforme demonstrado anteriormente neste capítulo, quando foi abordado o cálculo de dose máxima).

Quando há injeção intravascular acidental, ou ainda quando o paciente está muito ansioso, a liberação de epinefrina e norepinefrina pelas glândulas suprarrenais é aumentada em cerca de 40 vezes, podendo gerar reações características de sobredosagem do vasoconstritor. Nessas situações, podem ser observados um ou vários dos sinais e sintomas relacionados no Quadro 2.5.

Ao observar a ocorrência da reação de sobredosagem, o dentista deve **interromper o procedimento**. Muitas vezes, a reação pode ocorrer durante a injeção do anestésico. O paciente pode ficar ansioso e relatar palpitação (taquicardia), dificuldade respiratória (podendo apresentar hiperventilação decorrente da ansiedade) e dor de cabeça pulsátil.

Nesses casos, a posição mais confortável para o paciente é sentado, e não deitado. O dentista deve fazer a avaliação da pressão arterial

QUADRO 2.5 – Sinais e sintomas decorrentes da sobredosagem de vasoconstritores do grupo das aminas simpatomiméticas

Sinais	Sintomas
Aumento da pressão arterial e da frequência cardíaca	Palpitação
	Cefaleia pulsátil
Arritmias cardíacas	Ansiedade
Hiperventilação	Palidez
	Dificuldade respiratória

e da frequência cardíaca a intervalos curtos (a cada 5 minutos) para acompanhar a evolução da intercorrência. Deve também acalmar o paciente, relatando que a condição é passageira, e acompanhá-lo até sua recuperação completa. Normalmente, a reação tende a ser curta e sem maiores consequências nos pacientes sem comprometimento sistêmico. Pacientes com alteração cardiovascular significativa podem exibir reações severas.

METEMOGLOBINEMIA

Além da toxicidade sobre o SNC e o SCV, alguns anestésicos locais podem promover um quadro conhecido como metemoglobinemia, condição na qual há aumento da concentração de hemoglobina contendo átomos de ferro na forma de íons férricos (Fe^{+++}), denominada metemoglobina.

Ao passar pelos capilares pulmonares, os íons férricos presentes na metemoglobina ligam-se ao oxigênio proveniente dos alvéolos pulmonares. Entretanto, como a afinidade de ligação do oxigênio ao íon férrico é maior, quando o sangue passa para os tecidos, este permanece ligado à metemoglobina. Além disso, ela apresenta baixa afinidade ao dióxido de carbono. Dessa forma, ela não cumpre seu papel de carreador de oxigênio para os tecidos e de remoção do dióxido de carbono dos tecidos para os pulmões.

Em situação normal, temos entre 98 e 99% das moléculas de hemoglobina ligadas a íons ferrosos (Fe^{++}), os quais apresentam menor afinidade de ligação com o oxigênio. Assim, ao passar pelos capilares pulmonares, esses íons liberam o dióxido de carbono e ligam-se ao oxigênio, fazendo o inverso ao passar pelos tecidos, promovendo a oxigenação do organismo e a eliminação do dióxido de carbono. Como o ferro é um elemento que sofre oxidação com facilidade, constantemente há a conversão de íons ferrosos em íons férricos. Para garantir a oxigenação, o sistema enzimático citocromo b5 metemoglobina redutase catalisa a redução dos íons férricos em íons ferrosos de forma contínua.

A metemoglobinemia pode ser **congênita**, decorrente de alterações enzimáticas na hemoglobina, ou ainda **adquirida**, devido à exposição a fármacos ou toxinas, como os derivados da anilina, nitratos, dapsona, fenazopiridina e alguns anestésicos locais. Dentre os anestésicos locais, os que estão mais bem documentados são a benzocaína (éster usado apenas como anestésico tópico) e a prilocaína.[57]

A metemoglobinemia ocorre após a metabolização da prilocaína em ortotoluidina, metabólito responsável pelo aumento da concentração de metemoglobina. Por isso, os sinais e sintomas geralmente ocorrem quando o paciente já saiu do consultório odontológico.

Os sinais e sintomas mais frequentes da metemoglobinemia são cansaço, letargia, pele pálida ou com coloração acinzentada e cianose de mucosas e leitos ungueais. Esses sinais e sintomas podem começar a ser detectados quando a taxa de metemoglobina se eleva para 10 a 20%.

PREVENÇÃO: O quadro pode ser evitado pelo uso de doses menores do que 6 mg/kg nos pacientes saudáveis. Em pacientes que apresentam condições que implicam menor oxigenação, como algumas alterações respiratórias (p. ex., enfisema pulmonar), cardiocirculatórias (p. ex., insuficiência cardíaca) ou hematológicas (p. ex., anemias, metemoglobinemia congênita ou idiopática), deve-se restringir ou, de forma mais prudente, evitar o uso de prilocaína. O mesmo deve ser considerado para pacientes com insuficiência renal crônica, pois há relato de metemoglobinemia[36] com doses de 3,2 mg/kg.

TRATAMENTO: Na presença dos sinais e sintomas descritos em paciente que recebeu prilocaína, ele deve ser encaminhado para atendimento médico, relatando-se a suspeita de metemoglobinemia e a dose de prilocaína administrada. Se a suspeita for confirmada, o paciente será tratado com azul de metileno em infusão endovenosa, podendo ser associado ou não ao ácido ascórbico.[36] Estes fármacos agem promovendo a redução dos íons férricos em íons ferrosos, revertendo o quadro.

ALERGIA

LEMBRETE

As reações alérgicas mais comuns aos componentes da solução anestésica são dermatites, broncoespasmo e reação anafilática.

A alergia pode ser definida como uma reação de **hipersensibilidade** a um agente, desencadeada por exposição prévia a esse agente e sensibilização do sistema imunológico. As reações alérgicas podem envolver manifestações em diversos locais do organismo, como os sistemas respiratório, cardiovascular e digestório. As mais comuns envolvem pele, mucosas e vasos sanguíneos.

De acordo com o tempo decorrente entre a exposição ao alérgeno e a manifestação da reação, as alergias podem ser classificadas em imediatas (aparecem entre segundos e horas) e tardias (aparecem após 48 horas). Em geral, as reações com aparecimento rápido tendem a ser mais graves.

São descritos quatro tipos de reposta alérgica:

- anafilática, mediada por anticorpos IgE, que aparece imediatamente após a exposição ao alérgeno e pode ser ameaçadora à vida;
- citotóxica, mediada por anticorpos IgG e IgM;
- imunocomplexa, mediada por anticorpo IgG, o qual forma complexos com o complemento (aparece entre 6 e 8 horas após a exposição);
- mediada por células, que aparece após 48 horas da exposição (p. ex., dermatite de contato).

A incidência de reações alérgicas aos anestésicos locais é extremamente baixa. Muitos casos são erroneamente diagnosticados como alergia quando, na verdade, de acordo com os sinais e sintomas relatados pelos pacientes, poderiam ser classificados como decorrentes de sobredosagem do vasoconstritor (por injeção intravascular ou falta de controle da ansiedade do paciente), gerando palpitação (taquicardia), sudorese, ansiedade, palidez e, ainda, dificuldade respiratória devida à ansiedade. Alguns pacientes relatam sensação de desmaio.

Nesses casos, é necessário que o dentista faça ainda outros questionamentos, pois tais sinais e sintomas não são característicos de alergia. Além disso, na maioria desses relatos, a intercorrência se resolve por si, de forma rápida e sem necessidade de intervenção.

Conforme já descrito, a solução anestésica é composta de sal anestésico, vasoconstritor, antioxidante (para soluções contendo vasoconstritor do grupo das aminas simpatomiméticas), bacteriostático e água destilada ou soro fisiológico. O antioxidante mais usado nas formulações anestésicas é o bissulfito de sódio; como bacteriostáticos, são usados os parabenos. Destes, os componentes capazes de desencadear reação alérgica são o bissulfito de sódio, os parabenos e o sal anestésico.

É importante que o dentista conheça os componentes das soluções anestésicas e faça contato com o profissional que atendeu o paciente anteriormente a fim de poder fazer um **diagnóstico diferencial**, avaliando se realmente se trata de uma reação alérgica. Em caso positivo, deve investigar quais os possíveis alergênicos de acordo com a solução anestésica utilizada. Por exemplo, se o paciente recebeu uma solução de prilocaína com felipressina, fica excluída a possibilidade de alergia aos bissulfitos, uma vez que essa formulação não apresenta bissulfitos em sua composição.

A **alergia ao bissulfito de sódio** é mais comum em pacientes que sofrem de asma brônquica, especialmente naqueles cujas crises requerem o uso de corticosteroides. Nesses pacientes, não devem ser usadas soluções anestésicas que contenham vasoconstritor do grupo das aminas simpatomiméticas. As soluções de escolha podem ser mepivacaína a 3% (sem vasoconstritor) e prilocaína a 3% com felipressina a 0,03 UI/mL, dependendo do tempo do procedimento e da necessidade ou não de controle do sangramento.

Com relação aos **parabenos**, embora não haja justificativa para sua incorporação aos tubetes anestésicos de uso odontológico, uma vez que essa forma farmacêutica é para uso único, no Brasil algumas formulações ainda apresentam o metilparabeno como componente. Graças à determinação da Agência Nacional de Vigilância Sanitária (Anvisa), é obrigatória a descrição desse componente na bula do medicamento, o que evita seu uso por indivíduos com sensibilidade a ele. O Quadro 2.6 detalha as alternativas de solução anestésica para os pacientes com alergia confirmada.

QUADRO 2.6 – Alternativas para a anestesia odontológica em pacientes com alergia aos componentes da solução anestésica

Alergia aos sulfitos (agente antioxidante)	Prilocaína a 3% com felipressina a 0,03 UI/mL
	Mepivacaína a 3%
Alergia aos parabenos (agente bacteriostático)	Devem-se consultar as informações técnicas constantes na bula da solução anestésica sobre a composição da formulação, a fim de verificar a presença ou não do parabeno.
Alergia ao sal anestésico	Amidas – procurar alternativa com o médico especialista em alergias
	Ésteres – não utilizar a benzocaína (anestésico tópico do tipo éster)

A **alergia ao sal anestésico** é muito rara, mas há casos descritos na literatura. Assim, sempre que a história relatada pelo paciente sugerir uma reação alérgica, o tratamento eletivo deve ser postergado até a confirmação da suspeita, devendo o paciente ser encaminhado ao médico para avaliação.

Nos pacientes com alergia comprovada, deve-se evitar o uso de solução contendo a substância alergênica; em caso de atendimento de urgência em pacientes com suspeita de alergia, há a possibilidade de utilizar um anti-histamínico como a prometazina (p.ex., Fenergan® solução injetável 50 mg/2 mL), que apresenta semelhança estrutural com as moléculas dos anestésicos locais, sendo capaz de bloquear a condução do impulso nervoso.

Em tratamentos na mandíbula, por exemplo, podem-se utilizar 1 mL de solução de prometazina para bloqueio dos nervos alveolar inferior e lingual e 0,5 mL para o bloqueio do nervo bucal. Para infiltração, deve-se empregar o volume de 0,5 mL. Para esse procedimento, é necessário o uso de seringa do tipo Luer-Lok (pois a medicação é vendida na forma de frasco-ampola) e agulha com comprimento e calibre compatíveis com a técnica a ser utilizada (para o bloqueio do nervo alveolar deve-se usar agulha descartável 30x6). Há, entretanto, dois inconvenientes no uso da prometazina como anestésico local. Primeiramente, a ausência do vasoconstritor torna a duração da anestesia curta (em torno de 15 min), devendo o procedimento ser realizado de forma rápida. Além disso, como a injeção é realizada em tecido altamente vascularizado, a rápida absorção promove uma sedação considerável e sonolência (efeito colateral do anti-histamínico), sendo necessário que o paciente esteja acompanhado de um adulto responsável.

INTERAÇÕES FARMACOLÓGICAS COM VASOCONSTRITORES

Em relação aos componentes das soluções anestésicas locais, as interações farmacológicas mais relevantes ocorrem com os vasoconstritores do grupo das aminas simpatomiméticas.[58-60] O resumo dessas interações (implicações e prevenção) é mostrado na Tabela 2.8.

TABELA 2.8 – Interações farmacológicas com vasoconstritores do grupo das aminas simpatomiméticas

TIPO DE FÁRMACO	MECANISMO E CONSEQUÊNCIAS DA INTERAÇÃO	CONDUTA	OBSERVAÇÕES
Epinefrina e betabloqueadores não seletivos (p. ex., propranolol)	Com o bloqueio dos receptores beta 1 e beta 2, a epinefrina pode agir apenas nos receptores alfa-adrenérgicos. Assim, a ação vasodilatadora mediada pelos receptores beta 2 dos vasos da musculatura esquelética deixa de ocorrer, podendo haver aumento da pressão arterial e, compensatoriamente, diminuição significativa da frequência cardíaca	Sempre fazer aspiração previamente à injeção; injetar lentamente a solução anestésica (1 mL/min) Reduzir a dose máxima para 2 tubetes de solução anestésica com epinefrina a 1:100.000 ou 4 tubetes com epinefrina a 1:200.000 OU usar prilocaína a 3% com felipressina a 0,03 UI/mL OU mepivacaína a 3%, de acordo com o tempo do procedimento e a necessidade ou não de controle do sangramento	A reação é mais grave com a injeção intravascular acidental
Aminas simpatomiméticas e antidepressivos tricíclicos	Os antidepressivos tricíclicos agem inibindo a recaptação de norepinefrina e serotonina nas terminações nervosas adrenérgicas, podendo permanecer por mais tempo em ação, pois a recaptação é um dos mecanismos para o término da ação desses neurotransmissores. O acúmulo de norepinefrina pode levar a aumento da pressão arterial, taquicardia e cefaleia	Sempre fazer aspiração previamente à injeção Injetar lentamente a solução anestésica (1 mL/min) Reduzir a dose máxima para 2 tubetes de solução anestésica com epinefrina a 1:100.000 ou 4 tubetes com epinefrina a 1:200.000 OU usar prilocaína a 3% com felipressina a 0,03 UI/mL OU mepivacaína a 3%, de acordo com o tempo do procedimento e a necessidade ou não de controle do sangramento	
Aminas simpatomiméticas e inibidores da monoaminoxidase	A monoaminoxidase é uma das enzimas que fazem a biotransformação das aminas simpatomiméticas. A inibição dessa enzima pode levar ao acúmulo das aminas simpatomiméticas, com consequente crise hipertensiva	Evitar o uso de solução anestésica local que contenha fenilefrina, pois a interação é mais comum com esse vasoconstritor	

(Continua)

(Continuação)

TIPO DE FÁRMACO	MECANISMO E CONSEQUÊNCIAS DA INTERAÇÃO	CONDUTA	OBSERVAÇÕES
Epinefrina e fenotiazínicos	Além de sua ação específica no SNC, os fenotiazínicos promovem bloqueio dos receptores alfa-adrenérgicos. Assim, pode haver aumento da ação da epinefrina sobre os receptores beta-adrenérgicos, com consequente diminuição da pressão arterial e taquicardia	Evitar injeção intravascular acidental Fazer aspiração previamente à injeção Fazer injeção lenta	
Aminas simpatomiméticas e cocaína	A cocaína estimula a liberação de norepinefrina e inibe a sua recaptação pelas terminações nervosas adrenérgicas, causando acúmulo desse neurotransmissor, o que pode causar o aumento da pressão arterial, taquicardia e aumento do consumo de oxigênio pelo miocárdio. Essas alterações podem culminar em infarto do miocárdio, arritmia e parada cardíaca. Além dessa ação sobre as terminações nervosas, a cocaína promove constrição do baço, com consequente liberação de eritrócitos. Isso aumenta a viscosidade do sangue e pode levar à trombose	Evitar o atendimento do paciente nas primeiras 24 horas após o consumo de cocaína Em caso de urgência odontológica, usar prilocaína com felipressina ou mepivacaína a 3% (sem vasoconstritor) O estresse e a ansiedade ao atendimento podem promover a liberação de epinefrina e norepinefrina pelas suprarrenais	Indicadores de uso de cocaína: Pupila dilatada (ausência de reflexo de redução do diâmetro pupilar em resposta à luz), agitação e aumento da frequência cardíaca Quando usada por via endovenosa, os efeitos desaparecem em cerca de 2 horas; por via nasal, os efeitos podem permanecer por 4 a 6 horas
Aminas simpatomiméticas e anfetamina e similares	As anfetaminas inibem a recaptação de norepinefrina e serotonina, podendo promover taquicardia, hipertensão e aumento do trabalho cardíaco, infarto do miocárdio, arritmia e parada cardíaca	Redobrar a atenção com pacientes que relatam estar sob regime de emagrecimento com "fórmulas naturais" Solicitar que o paciente traga ao consultório todos os medicamentos de que faz uso Não usar anestésico local contendo amina simpatomimética Avaliar a pressão arterial e a frequência cardíaca do paciente em todas as sessões Nas urgências, utilizar solução de prilocaína com felipressina ou mepivacaína a 3% sem vasoconstritor	

3

Terapêutica medicamentosa

EDUARDO DIAS DE ANDRADE

A farmacologia está intimamente relacionada com a terapêutica medicamentosa, por oferecer os fundamentos científicos para o uso de medicamentos na prevenção ou no tratamento das doenças nas áreas da medicina e da odontologia.

Na clínica odontológica, a terapêutica medicamentosa muitas vezes exerce apenas um papel coadjuvante em relação aos procedimentos de ordem local. Por exemplo, diante de uma pulpite irreversível, a simples prescrição de um analgésico pelo cirurgião-dentista colabora muito pouco para o alívio da dor, caso não seja removida a causa por meio de pulpectomia. Da mesma forma, no tratamento das infecções bacterianas que não apresentam sinais de disseminação, a descontaminação do local é muito mais importante do que apenas a prescrição de antibióticos.

Em odontologia, são executados dois tipos de procedimentos básicos:

- **Procedimentos eletivos** – são aqueles pré-agendados pelo profissional, após ter estabelecido o plano de tratamento inicial (p. ex., remoção de terceiros molares inclusos assintomáticos, cirurgias para colocação de implantes dentários, etc.). Nesses casos, as maiores preocupações residem em controlar o estresse cirúrgico e a dor pós-operatória, além de evitar a infecção da ferida cirúrgica.

- **Urgências odontológicas** – ocorrem quando invariavelmente o paciente procura atendimento com sinais ou sintomas de dor, requerendo pronto atendimento por parte do cirurgião-dentista.

Para lidar com essas situações, o profissional dispõe de fármacos para o controle da ansiedade (ansiolíticos), para o controle da dor (anestésicos locais, analgésicos e anti-inflamatórios) e para a prevenção ou tratamento das infecções (antimicrobianos).

Porém, antes de anestesiar ou prescrever qualquer medicamento, o cirurgião-dentista deve lembrar-se do principal mandamento da clínica odontológica: **"nunca tratar um estranho"**. Em outras palavras, isso quer dizer que se deve valorizar a **anamnese** (do grego *ana* = trazer

OBJETIVOS DE APRENDIZAGEM

- Aplicar as normas para prescrição de medicamentos de acordo com as leis brasileiras
- Utilizar adequadamente a sedação mínima em clínica odontológica
- Prevenir e controlar a dor decorrente de procedimentos cirúrgicos por meio da prescrição de fármacos
- Prescrever antibióticos com parcimônia, identificando a real necessidade desse tipo de fármaco

de novo e *mnesis* = memória), uma das partes mais importantes do exame clínico, ocasião na qual se obtêm informações importantes para o diagnóstico odontológico e para classificar o paciente de acordo com seu estado físico geral.

Convém lembrar que, no atendimento odontológico de pacientes portadores de certas condições ou doenças sistêmicas, a anamnese deve ser dirigida ou direcionada ao problema. Assim, o profissional tem a chance de investigar o estado atual de uma determinada situação (p. ex., gestação, lactação) ou obter informações sobre o controle de uma doença específica.

O profissional também deve identificar a medicação de uso contínuo da qual o paciente faz uso, prevenindo possíveis intercorrências ou interações adversas com fármacos de uso comum na clínica odontológica. Como exemplo clássico, todo cuidado deve ser tomado no atendimento de pacientes que fazem uso de anticoagulantes orais, como a varfarina, que pode ter sua ação anticoagulante aumentada se empregada de forma concomitante com eritromicina, metronidazol, cefalosporinas, paracetamol, ibuprofeno e piroxicam, fármacos empregados com certa frequência em odontologia.

> **ATENÇÃO**
> No caso dos idosos, das gestantes e dos portadores de doenças renais ou cardiovasculares, a avaliação dos sinais vitais deve ser feita não somente na consulta inicial, mas também no início de cada sessão de atendimento, seja qual for o tipo de intervenção.

AVALIAÇÃO DOS SINAIS VITAIS

Em toda consulta odontológica inicial, a **avaliação dos sinais vitais** deve fazer parte do exame físico e constar no prontuário clínico. Com o paciente em estado de repouso por pelo menos 5 minutos, devem-se avaliar o pulso radial ou carotídeo (qualidade do pulso, ritmo e frequência cardíaca), a pressão arterial sanguínea, a frequência respiratória e a temperatura.

Essa conduta mostra ao paciente que as mínimas precauções estão sendo tomadas para sua segurança, o que evita intercorrências indesejáveis e aumenta a confiabilidade no profissional. Além disso, os valores obtidos nessa avaliação servem como parâmetros para o diagnóstico diferencial em determinados quadros de emergência.

NORMAS PARA A PRESCRIÇÃO DE MEDICAMENTOS

A **Denominação Comum Brasileira (DCB)** é uma nomenclatura oficial, em língua portuguesa, de fármacos ou princípios ativos utilizados no País que foram aprovados pela Anvisa, órgão federal subordinado ao Ministério da Saúde. Atualmente, a lista da DCB conta com mais de 10.000 nomes genéricos, utilizados em prescrições feitas por profissionais habilitados, registros e manipulação de medicamentos, licitações, legislação e qualquer forma de trabalho ou pesquisa científica. A lista da DCB é atualizada periodicamente pela Anvisa em razão de inclusões, alterações e exclusões de fármacos ou princípios ativos.

TIPOS DE RECEITA

Toda e qualquer indicação do uso de medicamentos a um paciente, seja qual for a finalidade, deve ser feita na forma de receita, em talonário próprio de receituário, por profissional habilitado.

O cirurgião-dentista pode fazer suas prescrições utilizando dois tipos de receitas: a receita comum e a receita de controle especial.

A receita comum é empregada na prescrição de medicamentos de referência ou genéricos, ou quando se desejam selecionar fármacos ou outras substâncias, quantidades e formas farmacêuticas para manipulação em farmácias.

A receita de controle especial é utilizada na prescrição de medicamentos à base de substâncias sujeitas a controle especial, de acordo com a Portaria nº 344, de 12 de maio de 1998, da Secretaria de Vigilância Sanitária.[1]

LEMBRETE

Com base no Art. 6º da Lei nº 5.081, de 24 de agosto de 1966,[2] o cirurgião-dentista tem competência para prescrever e aplicar especialidades farmacêuticas de uso interno e externo indicadas em odontologia.

NORMAS LEGAIS PARA A PRESCRIÇÃO DE MEDICAMENTOS

O Art. 35 da Lei 5.991/1973[3] estabelece que a receita somente deve ser aviada se:

- estiver escrita à tinta,* de modo legível, observadas a nomenclatura e o sistema de pesos e medidas oficiais;
- contiver nome e endereço residencial do paciente;
- contiver descrito o modo de uso do medicamento;
- contiver a data e a assinatura do profissional, o endereço do consultório ou da residência e o número de inscrição do respectivo Conselho Profissional.

Quanto à prescrição e dispensação dos **genéricos**, a Resolução da Anvisa nº 10/2001 estabelece os seguintes critérios:[4]

- No âmbito do Sistema Único de Saúde (SUS), as prescrições pelo profissional responsável devem adotar obrigatoriamente a DCB ou, na sua falta, a Denominação Comum Internacional (DCI).
- Nos serviços privados de saúde, a prescrição fica a critério do prescritor, podendo ser feita pelo nome genérico ou comercial (fantasia), que deve ressaltar, quando necessária, a intercambialidade.

No caso de o prescritor decidir pela **não intercambialidade** (troca do medicamento de referência pelo genérico), essa manifestação deve ser feita por escrito, de forma clara, legível e inequívoca, não sendo

---

* *Nota do autor: a receita pode ser informatizada. De próprio punho, somente a assinatura do profissional.*

permitida qualquer forma de impressão, colagem de etiquetas ou carimbos para essa manifestação. Portanto, basta escrever no corpo do talonário, ao final da prescrição: **Não autorizo a substituição por genéricos**.

FORMATO DE UMA RECEITA COMUM

IDENTIFICAÇÃO DO PROFISSIONAL

Quando o cirurgião-dentista exerce suas atividades em **clínica privada**, o talonário próprio para receituário deve conter seu nome, especialidade(s) quando for o caso, número de inscrição no Conselho Regional (CRO) e endereço do local de trabalho e/ou residência. O número do telefone para contato é optativo. Não há restrição quanto à cor do papel do talonário.

Quando o profissional atua em **serviços públicos de saúde**, o talonário próprio para receituário deve conter o nome e o endereço da instituição. Neste caso, o nome do cirurgião-dentista e seu respectivo número de inscrição no CRO devem ser informados logo abaixo da data e da assinatura. Para isso, cada profissional deve possuir seu próprio carimbo com tais dados.

CABEÇALHO

O cabeçalho de uma receita comum deve conter o nome e o endereço do paciente e a forma de uso do medicamento, que pode ser interno ou externo.

O medicamento é de **uso interno** somente quando for deglutido, ou seja, quando passar pelo tubo gastrintestinal, como é o caso de comprimidos, cápsulas, drágeas, soluções orais, suspensões, xaropes, elixires, etc. Todas as demais formas farmacêuticas são de **uso externo** (p. ex., comprimidos sublinguais, soluções para bochechos, pomadas, cremes, supositórios, soluções injetáveis).

INSCRIÇÃO

A inscrição de uma receita comum deve conter:

- **Nome do medicamento**, que pode ser o nome genérico ou o do fármaco de referência (original), se o prescritor assim desejar.
- **Concentração**, quando esta não for padrão. Por exemplo, no caso da prescrição de amoxicilina na forma de suspensão oral, deve-se acrescentar sua concentração, pois no mercado farmacêutico são encontradas suspensões orais de amoxicilina nas concentrações de 125, 200, 250, 400 e 500 mg/5 mL. Ao contrário, quando se prescreve uma solução oral de penicilina V, não é preciso acrescentar sua concentração (400.000 U.I./5 mL), por ser a única forma de apresentação.

- **Quantidade**. Por exemplo, 2 (duas) caixas, 1 (um) frasco, etc. Quando o medicamento puder ser fracionado: 4 comprimidos, 6 drágeas, 12 cápsulas, etc.

ORIENTAÇÃO

A orientação destina-se ao paciente e traz as informações de como fazer uso da medicação, especificando doses, horários das tomadas ou das aplicações dos medicamentos e duração do tratamento. Deve-se escrever por extenso, evitando as abreviaturas.

Ainda neste item, a receita pode conter as precauções com relação ao uso da medicação, como "não ingerir bebidas alcoólicas durante o tratamento", "não ingerir com leite", "não deglutir a solução", etc.

No caso das intervenções cirúrgicas odontológicas que exigem cuidados pós-operatórios por parte do paciente, como "não fazer bochechos de qualquer espécie nas primeiras 24 horas", "evitar esforço físico", "evitar exposição demorada ao sol", etc., ou orientações relativas à dieta alimentar, tais informações devem estar contidas fora do corpo da prescrição de medicamentos, em uma folha de receituário anexa ou por meio de impressos explicativos.

DATA E ASSINATURA DO PROFISSIONAL

A data e a assinatura (ou rubrica) do profissional devem ser acrescentadas ao final da receita, à tinta e de próprio punho.

OUTRAS RECOMENDAÇÕES

- A prescrição de formulações magistrais para manipulação em farmácias deve ser feita em duas folhas do talonário separadas. A primeira deve conter apenas a solicitação da preparação da formulação ao farmacêutico; a segunda deve trazer as orientações ao paciente para o uso da medicação.
- Deve-se evitar deixar espaços em branco entre a orientação e a assinatura do prescritor, o que pode permitir a adulteração da prescrição.
- Por ocasião da prescrição, deve-se solicitar ao paciente que faça a leitura cuidadosa da receita, no intuito de esclarecer qualquer dúvida.
- Deve-se registrar a medicação prescrita no prontuário clínico, o que pode servir como prova legal em caso de seu uso indevido.
- Na prescrição de ansiolíticos do grupo dos BDZs, a receita comum deve ser acompanhada da notificação de receita do tipo B, de cor azul, para a dispensação do medicamento nas farmácias.

Para melhor ilustrar as normas de elaboração e formato de uma **receita comum**, são apresentados a seguir alguns exemplos de prescrição para especialidades farmacêuticas ou formulações para manipulação em farmácias.

Nome do profissional – Especialidade(s) – nº de inscrição no CRO
Endereço do local de trabalho e/ou residencial

Para: ....
Endereço: ....

Uso interno

Dipirona sódica solução oral "gotas" – 1 frasco

Tomar 30 gotas, diluídas em 1/2 copo com água, a cada 4 horas, durante o dia de hoje.

Data e assinatura

---

a) **Preparação de formulações nas farmácias de manipulação**

Os nomes das substâncias ativas que irão compor a formulação devem obedecer à lista da DCB.

Nome do profissional – Especialidade(s) – nº de inscrição no CRO
Endereço do local de trabalho e/ou residencial

Preparar:

Digluconato de clorexidina 0,12%

Água mentolada q.s.p............. 250 mL

Data e assinatura

---

b) **Receita para orientação do paciente**

Nome do profissional – Especialidade(s) – nº de inscrição no CRO
Endereço do local de trabalho e/ou residencial

Para menor: ....
Peso = 20 kg
Endereço: ....

Uso interno

Amoxil suspensão oral 250 mg – 1 frasco

Tomar 5 mL às 7h, 15h e 23h

OBS.: NÃO AUTORIZO A SUBSTITUIÇÃO POR GENÉRICOS

Data e assinatura

Nome do profissional – Especialidade(s) – nº de inscrição no CRO
Endereço do local de trabalho e/ou residencial

Para: ....
Endereço: ....

Uso externo

Digluconato de clorexidina 0,12% – frasco com 250 mL

Bochechar com 15 mL da solução não diluída, por aproximadamente 1 minuto, pela manhã e à noite, após higiene bucal, durante 7 dias.

OBS.: NÃO DEGLUTIR A SOLUÇÃO E NÃO BOCHECHAR COM ÁGUA IMEDIATAMENTE APÓS, PARA NÃO ACENTUAR A PERCEPÇÃO DO SABOR AMARGO DA CLOREXIDINA.

Data e assinatura

RECEITA DE CONTROLE ESPECIAL

Como já dito, a receita de controle especial é utilizada na prescrição de medicamentos à base de substâncias sujeitas a controle especial.

A receita de controle especial deve ser preenchida em duas vias, com os dizeres: "1ª via – Retenção da farmácia ou drogaria" e "2ª via – Orientação ao paciente". Tem validade em todo o território nacional. Pode ser informatizada, desde que obedeça ao modelo que consta de um dos anexos da Portaria nº 344/1998.[1]

```
                    Receita de Controle Especial
                      IDENTIFICAÇÃO DO EMITENTE
Nome
completo:_____
CRO____: nº_____ Especialidade:_____
Endereço: _____
Telefone: _____
Cidade: _____ UF:_____

Paciente:_____ Idade: _____
Endereço:_____
Prescrição:

    IDENTIFICAÇÃO DO COMPRADOR        |  IDENTIFICAÇÃO DO
Nome:_____  |     FORNECEDOR
Identidade: _____ Org. Emissor:___|_____
Endereço:_____  |  Ass. Farmacêutico e carimbo
_____   |
Cidade:_____ UF:_____    |
Telefone: _____ Idade:_____    |  _____/_____/_____
                                       |  Data entrega
```

Os medicamentos sujeitos a controle especial, na sua maioria, contêm princípios ativos capazes de produzir modificações nas funções nervosas superiores, sendo distribuídos em diferentes listas da Portaria Anvisa nº 344/1998[1], cuja prescrição está sujeita à receita de controle especial ou à notificação de receita.

De interesse para a odontologia, as preparações à base de **codeína** e **tramadol** constam da lista A2 das substâncias entorpecentes, sujeitas à notificação de receita A, de cor amarela. Entretanto, caso a quantidade desses princípios ativos não exceda 100 mg por unidade posológica, a prescrição fica sujeita apenas à receita de controle especial, em duas vias.

Essa mesma Portaria nº 344/1998[1] traz outra lista, denominada C1 (outras substâncias sujeitas a controle especial), da qual agora fazem parte os anti-inflamatórios seletivos para a cicloxigenase-2 (COX-2), categoria na qual se enquadram o **celecoxibe** e o **etoricoxibe**, empregados em odontologia para a prevenção e o tratamento de processos inflamatórios agudos, cuja prescrição também deve ser feita pela receita de controle especial, em duas vias.

Para evitar a automedicação e inibir a comercialização indiscriminada dos antimicrobianos, na expectativa de contribuir para minimizar o problema da resistência bacteriana, em novembro de 2010 entrou em vigor a Resolução Anvisa RDC nº 44/2010,[5] que previa que a prescrição de antimicrobianos também deveria ser feita por meio da receita de controle especial.

No entanto, não demorou muito tempo para essa regulamentação "cair por terra", com a publicação da RDC nº 20/2011,[6] resolvendo agora que a prescrição de medicamentos antimicrobianos deve ser realizada em receituário privativo do prescritor ou do estabelecimento de saúde, não havendo, portanto, modelo de receita específico.

No cabeçalho, além do endereço, deverão ser incluídos dados de idade e sexo do paciente, com o objetivo de aperfeiçoar o monitoramento do perfil farmacoepidemiológico do uso de antimicrobianos no País. Essa nova resolução estabelece ainda que a receita é válida em todo o território nacional, por dez dias a contar da data de sua emissão, e pode conter a prescrição de outras categorias de medicamentos, desde que não sejam sujeitos a controle especial. Não há limitação do número de itens contendo medicamentos antimicrobianos prescritos por receita.

Em resumo, os medicamentos de uso odontológico sujeitos a controle especial podem ser prescritos e dispensados por meio da receita de controle especial ou da receita comum, ambas em duas vias, sendo a segunda via retida nas farmácias ou drogarias.

Na Tabela 3.1 consta a relação dos medicamentos à base de substâncias sujeitas a controle especial, com algum tipo de indicação na clínica odontológica.

TABELA 3.1 – Medicamentos sujeitos a controle especial

NOME GENÉRICO	GRUPO FARMACOLÓGICO	INDICAÇÃO EM ODONTOLOGIA
Amitriptilina	Antidepressivo tricíclico	Tratamento da dor crônica da articulação temporomandibular
Codeína	Analgésico de ação central	Controle da dor
Tramadol	Analgésico de ação central	Controle da dor
Dextropropoxifeno	Analgésico de ação central	Controle da dor
Hidrato de cloral	Hipnótico-sedativo	Sedação em crianças
Levomepromazina	Neuroléptico	Sedação em crianças
Periciazina	Neuroléptico	Sedação em crianças
Celecoxibe	Anti-inflamatório não esteroide	Controle da dor e edema
Etoricoxibe	Anti-inflamatório não esteroide	Controle da dor e edema
Todos os registrados	Antibióticos	Tratamento de infecções

NOTIFICAÇÃO DE RECEITA

A notificação de receita é o documento que autoriza a dispensação de medicamentos à base de outras substâncias que também estão sujeitas a controle especial, com base nas listas da Portaria nº 344/98.[1] A seguir são descritos os quatro tipos de notificação.

Notificação de receita A (amarela) – autoriza a dispensação de substâncias entorpecentes que constam das listas A1 e A2 (p. ex., morfina e derivados) e substâncias psicotrópicas incluídas na lista A3 (p. ex., anfetaminas e derivados). É de uso exclusivo da área médica.

Notificação de receita B (azul) – exigida na dispensação de substâncias psicotrópicas que constam da lista B1 (p. ex., todos os benzodiazepínicos - BDZs).

Notificação de receita B2 (azul) – autoriza a dispensação de substâncias psicotrópicas anorexígenas que estão incluídas na lista B2 (p. ex., derivados das anfetaminas).* É de uso exclusivo da área médica.

Notificação de receita especial (branca) – para a dispensação de substâncias retinoicas, imunossupressoras ou anabolizantes que constam das listas C2, C3 e C5, respectivamente. É de uso exclusivo da área médica.

De interesse para a clínica odontológica, são apresentadas as normas de preenchimento da notificação de receita B, que deve acompanhar a receita comum por ocasião da prescrição dos BDZs empregados para a sedação mínima de crianças, adultos e idosos.

O documento deve conter os seguintes itens e características, devidamente impressos, de acordo com a Portaria nº 344/1998 (Fig. 3.1):[1]

- sigla da unidade da federação;
- identificação numérica – a sequência numérica será fornecida pela autoridade sanitária competente dos estados, municípios e Distrito Federal;
- identificação do emitente – nome do profissional, com o número de sua inscrição no CRO e a sigla da respectiva unidade federativa, ou nome da instituição, endereço completo e telefone. Esses dados podem ser impressos na gráfica autorizada ou inseridos por meio de carimbo;
- identificação do usuário – nome e endereço completo do paciente;
- nome do medicamento ou substância – de acordo com a DCB, com dosagem ou concentração, forma farmacêutica, quantidade (em algarismos arábicos e por extenso) e posologia;
- data da emissão;

---

* *Nota do autor: por meio da Resolução RDC nº 52, de 6 de outubro de 2011, os medicamentos a base de femproporex, mazindol e anfepramona tiveram seus registros cancelados pela Anvisa, ficando proibidos a produção, o comércio, a manipulação e o uso desses produtos no país. Os três medicamentos fazem parte do grupo denominado inibidores de apetite do tipo anfetamínico.*

- assinatura do prescritor;
- identificação do comprador, que não precisa ser o próprio usuário – nome completo, documento de identificação, endereço e telefone;
- identificação do fornecedor – nome e endereço completo, nome do responsável pela dispensação e data do atendimento;
- identificação da gráfica – nome, endereço e CGC impressos no rodapé de cada folha do talonário. Deve constar também a numeração inicial e final concedida ao profissional ou instituição e o número da autorização para confecção de talonários emitida pela Vigilância Sanitária local.

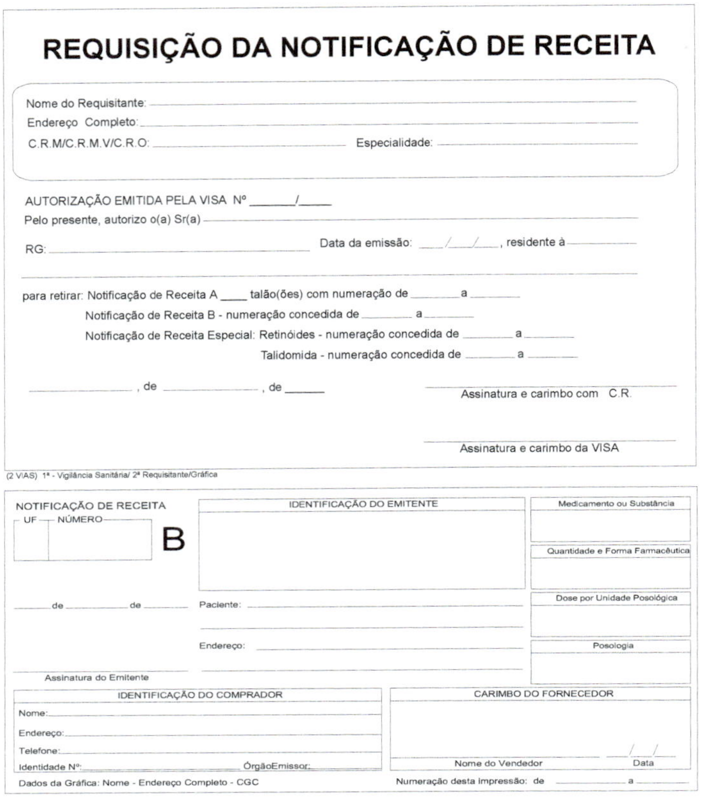

REQUISIÇÃO DA NOTIFICAÇÃO DE RECEITA

Nome do Requisitante:
Endereço Completo:
C.R.M/C.R.M.V/C.R.O: Especialidade:

AUTORIZAÇÃO EMITIDA PELA VISA Nº ____/____
Pelo presente, autorizo o(a) Sr(a)
RG: Data da emissão: ___/___/___, residente à

para retirar: Notificação de Receita A ____ talão(ões) com numeração de ____ a ____
Notificação de Receita B - numeração concedida de ____ a ____
Notificação de Receita Especial: Retinóides - numeração concedida de ____ a ____
Talidomida - numeração concedida de ____ a ____

____, de ____, de ____

Assinatura e carimbo com C.R.

Assinatura e carimbo da VISA

(2 VIAS) 1ª - Vigilância Sanitária/ 2ª Requisitante/Gráfica

NOTIFICAÇÃO DE RECEITA
UF NÚMERO
B

IDENTIFICAÇÃO DO EMITENTE

Medicamento ou Substância
Quantidade e Forma Farmacêutica
Dose por Unidade Posológica
Posologia

____ de ____ de ____
Paciente:
Endereço:
Assinatura do Emitente

IDENTIFICAÇÃO DO COMPRADOR
Nome:
Endereço:
Telefone:
Identidade Nº: ÓrgãoEmissor:

CARIMBO DO FORNECEDOR
Nome do Vendedor ___/___/___ Data

Dados da Gráfica: Nome - Endereço Completo - CGC
Numeração desta impressão: de ____ a ____

Figura 3.1 – (A) Documento exigido para a requisição da notificação de receita do tipo B. (B) Modelo respectivo, de acordo com a Portaria nº 344/1998 da Secretaria de Vigilância Sanitária. Fonte: Brasil.[1]

SEDAÇÃO MÍNIMA DE CRIANÇAS, ADULTOS E IDOSOS

Mesmo nos dias atuais, a ansiedade, a apreensão e o medo associados ao tratamento odontológico ainda persistem em boa parte da população. A ansiedade talvez seja o maior componente do estresse de pacientes no consultório odontológico, cuja intensidade varia de um paciente para outro ou até no mesmo paciente, de acordo com o tipo de procedimento.

Essa "ansiedade odontológica" é reconhecida como uma das maiores barreiras para as consultas de rotina. Os pacientes evitam ir ao dentista por receio de sentir algum incômodo durante a anestesia local, procurando atendimento somente em casos de episódios de dor intensa.[7]

Além da anestesia local, considerada o maior fator estressor, a visão de sangue e do instrumental odontológico, as vibrações ou sons provocados pelos motores de baixa rotação ou turbinas de alta rotação, os movimentos bruscos ou ríspidos dos profissionais, além de relatos de pessoas próximas que tiveram experiências negativas em consultas odontológicas, também são considerados fatores geradores de ansiedade.[8]

Os métodos de controle da ansiedade podem ser farmacológicos ou não farmacológicos. Dentre os não farmacológicos, a conduta básica é a verbalização, que pode ser associada às técnicas de relaxamento muscular ou de condicionamento psicológico. Métodos de distração também são cada vez mais empregados, que utilizam som ou imagens para desviar a atenção e tornar o paciente calmo e cooperativo.

Quando esses métodos não são suficientes para controlar a ansiedade, pode-se lançar mão de métodos farmacológicos como medida complementar. Recentemente, a American Dental Association (ADA)[9] estabeleceu novas definições para os diferentes graus de sedação, classificada como mínima, moderada e profunda.

A **sedação mínima** empregada na clínica odontológica é definida como "uma mínima depressão do nível de consciência do paciente, que não afeta sua habilidade de respirar de forma automática e independente e responder de maneira apropriada à estimulação física e ao comando verbal", ou seja, mantém intactos seus reflexos protetores.[9]

Em geral, a sedação mínima de pacientes odontológicos é obtida com o emprego dos BDZs por via oral ou pela inalação da mistura de óxido nitroso e oxigênio (N_2O/O_2) por via respiratória.

As propriedades farmacológicas que caracterizam uma droga ideal para a sedação mínima são as seguintes:

- rápido início de ação e pronta recuperação;
- nível de sedação previsível;
- relação dose-efeito bem estabelecida;
- ampla margem de segurança clínica;
- risco mínimo de causar depressão cardiorrespiratória;
- boa atividade ansiolítica e amnésia anterógrada.

A técnica de sedação mínima pela inalação da mistura de óxido nitroso e oxigênio atende à maioria desses requisitos, além de promover analgesia relativa (sem, entretanto, dispensar o uso da anestesia local). As grandes **vantagens** dessa técnica sobre a sedação mínima com os BDZs por via oral dizem respeito ao rápido início de ação, ao controle da profundidade da sedação e à pronta recuperação, sem prejuízos às atividades normais dos pacientes após deixarem o consultório.[10]

Nas concentrações empregadas na clínica odontológica, o óxido nitroso é seguro, não acarretando efeitos adversos ou tóxicos ao fígado, aos rins, ao encéfalo ou aos sistemas cardiovascular e respiratório. No entanto, tem as seguintes **desvantagens:** custo do equipamento e dos gases, demanda de maior espaço físico no consultório, necessidade de cooperação do paciente, treinamento da equipe e risco ocupacional em longo prazo.[11]

No Brasil, a sedação mínima pela inalação da mistura de óxido nitroso e oxigênio ainda é pouco adotada pelos cirurgiões-dentistas, em virtude dos custos com equipamentos, e da necessidade de realização de um curso de habilitação para a execução da técnica, conforme Resolução nº 51/2004 do Conselho Federal de Odontologia, que regulamenta a questão.[8,12]

Por conseguinte, a sedação mínima pela administração de drogas por via oral ainda é a forma mais empregada na clínica odontológica, pela facilidade de administração, disponibilidade, segurança e baixo custo, além de requerer monitoramento mínimo quando utilizadas as doses adequadas.

Nessa modalidade de sedação, os BDZs têm sido as drogas de primeira escolha para a sedação mínima na área médica e odontológica, por sua eficácia e segurança clínica.

BENZODIAZEPÍNICOS

MECANISMO DE AÇÃO

A identificação de sítios de ligação específicos para os BDZs em estruturas do SNC, como o sistema límbico, tornou possível a compreensão do mecanismo de ação desse grupo de drogas.

O ácido gama-aminobutírico (GABA) é o principal neurotransmissor inibidor no SNC dos mamíferos. Ele desempenha um papel importante na regulação da excitabilidade neuronal ao longo de todo o sistema nervoso. Nos seres humanos, o GABA também é diretamente responsável pela regulação do tônus muscular. Atualmente são conhecidas três classes de receptores GABA, assim denominados: $GABA_A$, $GABA_B$ e $GABA_C$ (os dois últimos não interagem com os BDZs).

Os BDZs facilitam a ação do GABA ao se ligarem aos receptores $GABA_A$. Como mostra a Figura 3.2, a ativação desse receptor provoca um aumento na frequência de abertura dos canais de cloreto (Cl^-) da membrana dos neurônios, elevando o influxo desse ânion para dentro das células. Em última análise, isso resulta na diminuição da propagação de impulsos excitatórios e, consequentemente, no controle da ansiedade.[13,14]

Por atuarem especificamente nos receptores $GABA_A$, os BDZs promovem efeito ansiolítico, hipnótico, amnésico, anticonvulsivante e relaxante muscular, todos clinicamente úteis. Além disso, podem elevar o limiar da sensibilidade dolorosa e diminuir a salivação e o reflexo do vômito.

Além dessas propriedades farmacológicas desejáveis, se comparados aos barbitúricos, os BDZs apresentam um perfil de desenvolvimento mais lento de dependência física e psíquica, sem falar do menor

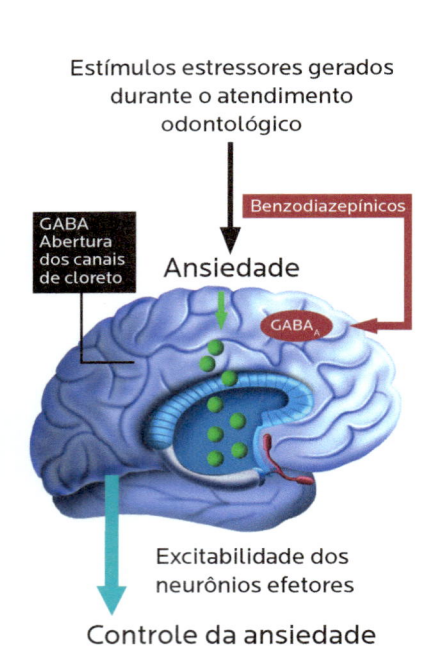

Figura 3.2 – Mecanismo de ação dos BDZs potencializando a ação do GABA.

número de interações farmacológicas, o que lhes confere um alto índice terapêutico. Diferenciam-se de outros depressores do SNC por possuírem um antagonista específico, o flumazenil, capaz de reverter quadros de superdosagem, o que lhes garante uma segurança clínica ainda maior.[15]

A ação dos BDZs é praticamente limitada ao SNC, embora mínimos efeitos cardiovasculares sejam observados, como discreta diminuição da pressão arterial e do esforço cardíaco. No sistema respiratório, podem provocar uma pequena redução do volume de ar corrente e da frequência respiratória.

INDICAÇÕES

O cirurgião-dentista deve considerar um protocolo de sedação mínima com o emprego dos BDZs por via oral nas seguintes situações clínicas:[8]

- quando o quadro de ansiedade aguda, medo ou fobia não for controlável apenas por meio de métodos não farmacológicos (verbalização, técnicas de condicionamento psicológico ou técnicas alternativas);
- como medicação pré-operatória em intervenções complexas ou muito invasivas que não podem ser interrompidas, mesmo quando se trata de pacientes aparentemente calmos e cooperativos (p. ex., exodontia de inclusos, drenagem de abscessos, cirurgias periodontais regenerativas, colocação de implantes múltiplos, procedimentos de enxertias ósseas, etc.);
- no atendimento de indivíduos portadores de doenças cardiovasculares, com o objetivo de minimizar as respostas emocionais ao estresse, seja qual for o tipo de procedimento odontológico;
- como medicação pré-operatória no atendimento de urgência de crianças com traumatismos dentários acidentais.

LIMITAÇÕES DO USO

Como outras drogas depressoras do SNC, os BDZs devem ser empregados com precaução em determinadas situações ou grupos de pacientes. Os seguintes casos exigem **precauções** no uso de BDZs:

- pacientes portadores de doença pulmonar obstrutiva crônica ou insuficiência respiratória de grau leve;
- presença de disfunção hepática ou renal;
- pacientes sob tratamento com outros depressores do SNC (anti-histamínicos, anticonvulsivantes, barbitúricos, etc.), pelo risco de potencialização do efeito depressor;
- no segundo trimestre de gravidez e durante a lactação.

Em qualquer desses casos, deve-se entrar em contato com o médico que trata do paciente para, em conjunto, avaliar se o benefício da sedação pode justificar o risco potencial das reações adversas.

Os BDZs apresentam as seguintes **contraindicações:**

- gestantes (primeiro trimestre e ao final da gestação);
- portadores de glaucoma de ângulo estreito agudo;
- portadores de miastenia grave;
- crianças com comprometimento físico ou mental severo;
- história de hipersensibilidade aos BDZs;
- insuficiência respiratória ou hepática grave;
- síndrome da apneia do sono;
- etilistas ou dependentes de outras drogas depressoras do SNC – o álcool etílico, além de potencializar o efeito depressor dos BDZs sobre o SNC, aumenta a metabolização hepática desses compostos.

A sedação, a diminuição da concentração e o relaxamento muscular podem afetar negativamente a habilidade para dirigir e operar máquinas potencialmente perigosas. Por isso, os candidatos à sedação mínima com os BDZs devem ser orientados a comparecer às consultas sempre acompanhados por um adulto. Caso já tenham tomado a medicação em casa ou no ambiente de trabalho, não poderão dirigir veículos automotores. Deverão ainda ser alertados a não ingerir bebidas alcoólicas previamente à intervenção e nas primeiras 24 horas após o atendimento.

CRITÉRIOS DE ESCOLHA

Os BDZs têm baixa incidência de efeitos adversos, particularmente em tratamentos de curta duração, como ocorre na clínica odontológica. Todos os BDZs produzem algum grau de **sonolência**, a qual é mais comumente observada com o uso do midazolam, que, além de ansiolítico, também tem ação hipnótica (indução do sono fisiológico). Em adultos, a sonolência é menos observada com a dose de 7,5 mg de midazolam se comparada à dose de 15 mg.

Mesmo quando se empregam doses únicas ou baixas dosagens de BDZ, uma reduzida percentagem dos pacientes (1 a 5%) pode apresentar **efeitos paradoxais** (ou contraditórios), ou seja, em vez da sedação esperada, o paciente apresenta excitação, euforia, agitação e irritabilidade. Esse efeito é mais comum em crianças e idosos. Caso isso aconteça, a consulta deve ser adiada, mantendo-se o paciente sob observação até a cessação dos efeitos paradoxais. É importante lembrar que a agitação pode favorecer quedas e ferimentos nos idosos.

Os BDZs podem provocar **amnésia anterógrada** (esquecimento dos fatos que se seguem a um evento tomado como ponto de referência, durante o pico de concentração plasmática da droga), que é mais observada com o midazolam e com o lorazepam. A amnésia anterógrada é considerada benéfica por alguns profissionais, mas não desejável por outros, sob o argumento de que o paciente poderia ter dificuldades em lembrar-se das recomendações ou cuidados pós-operatórios.

Outros efeitos estão invariavelmente associados à terapia prolongada, como confusão mental, visão dupla, depressão, dor de cabeça,

> **ATENÇÃO**
>
> O midazolam pode provocar alucinações ou fantasias de caráter sexual. Recomenda-se, portanto, que o profissional tenha a companhia de uma terceira pessoa no ambiente do consultório.

aumento ou diminuição da libido, falta de coordenação motora e dependência física e/ou psíquica.

Um critério a ser considerado na escolha de um BDZ diz respeito às suas propriedades farmacocinéticas e farmacodinâmicas, visto que as diferenças na absorção, distribuição e eliminação são responsáveis por substanciais variações nos efeitos clínicos desejados e determinantes para a escolha da droga.[16]

Os BDZs podem ser classificados de acordo com a meia-vida de eliminação: de ação curta (meia-vida menor que 6 horas), intermediária (meia-vida de 6 a 24 horas) e prolongada (meia-vida maior que 24 horas). Na Tabela 3.2 estão contidos os principais BDZs de uso odontológico, com algumas de suas características.

Para a sedação mínima na clínica odontológica, o regime preconizado para os BDZs de dose única, por via oral, é a seguinte:

- midazolam ou alprazolam – administração de 20 a 30 minutos antes da intervenção;
- diazepam – administração de 45 a 60 minutos antes da intervenção;
- lorazepam – administração de 1,5 a 2 horas antes da intervenção.

Levando em consideração a duração dos procedimentos odontológicos, que em geral não ultrapassa 2 horas, o midazolam seria o fármaco de escolha para a sedação, por seu rápido início de ação e seu menor tempo de meia-vida plasmática. O alprazolam também apresenta início de ação rápido e duração de ação um pouco maior que a do midazolam, sendo uma boa alternativa.[17]

Quanto ao fator idade, apenas dois BDZs são recomendados para uso em odontopediatria, o diazepam e o midazolam (preferencialmente), ambos com vantagens sobre agentes sedativos, como o hidrato de cloral e os anti-histamínicos. Em pacientes com idade acima de 65 anos, dá-se preferência ao lorazepam 1 mg, pois seu uso está associado a uma menor incidência de efeitos paradoxais.

Por serem drogas sujeitas a controle especial, regulamentadas pela Portaria nº 344/98[1] da Anvisa, as prescrições de BDZs (em receita comum) devem vir acompanhadas da notificação de receita do tipo B (de cor azul). Esta, por sua vez, pode ser obtida nos escritórios da Secretaria de Vigilância Sanitária de cada estado.

LEMBRETE

No caso de pacientes extremamente ansiosos, pode-se prescrever também uma dose para ser tomada na noite anterior ao procedimento, para proporcionar um sono tranquilo.

LEMBRETE

Convém lembrar que no mercado farmacêutico ainda existem outros BDZs, como bromazepam, cloxazolam, flunitrazepam e oxazepam, que podem ser empregados na clínica odontológica, mas que não apresentam vantagens sobre os já citados.

TABELA 3.2 – Benzodiazepínicos: dosagens usuais para a sedação consciente por via oral em adultos, idosos e crianças

NOME GENÉRICO	FÁRMACO DE REFERÊNCIA	ADULTOS	IDOSOS	CRIANÇAS
Diazepam	Valium®	5 a 10 mg	5 mg	0,2 a 0,5 mg/Kg
Lorazepam	Lorax®	1 a 2 mg	1 mg	Não recomendado
Alprazolam	Frontal®	0,5 a 0,75 mg	0,25 mg	Não recomendado
Midazolam	Dormonid®	7,5 a 15 mg	7,5 mg	0,2 a 0,35 mg/kg

CONTROLE DA DOR

Uma das maiores preocupações do cirurgião-dentista em sua prática diária diz respeito à prevenção e ao controle da dor, que na clínica odontológica quase sempre é de caráter inflamatório.

De acordo com o tempo de duração, a dor inflamatória pode ser classificada como **aguda**, quando é de curta duração, ou **crônica**, de curso mais prolongado, em geral relacionada com certos tipos de distúrbios da articulação temporomandibular. Quando o procedimento é pouco invasivo, como exodontias não complicadas e pequenas cirurgias de tecido mole, a resposta inflamatória é mínima, geralmente autolimitada. Nesses casos, no período pós-operatório, o paciente acusa apenas certo desconforto ou dor de intensidade leve, cujo tratamento reside na prescrição de um analgésico de ação periférica, sem necessidade do uso de fármacos mais potentes.

Ao contrário, nas intervenções cirúrgicas mais complexas, como a remoção de terceiros molares mandibulares inclusos, cirurgias periodontais ou implantodônticas, o traumatismo tecidual é mais intenso, gerando respostas inflamatórias caracterizadas por hiperalgesia persistente e edema, que por sua vez causa maior desconforto e limitação das atividades diárias do paciente.

No planejamento dessas intervenções, além dos analgésicos, justifica-se o uso de **fármacos com propriedades anti-inflamatórias**, com o objetivo de prevenir a hiperalgesia e controlar o edema no período pós-operatório.

> **LEMBRETE**
>
> Toda intervenção cirúrgica odontológica provoca lesão tecidual, que gera respostas inflamatórias agudas, caracterizadas por dor de diferentes graus de intensidade, que às vezes pode ser acompanhada por edema e limitação da função mastigatória.

MECANISMOS DA DOR INFLAMATÓRIA

Os nociceptores envolvidos no processo da dor inflamatória são polimodais (sensíveis a diferentes tipos de estímulos) e de alto limiar de excitabilidade. Isso quer dizer que um mínimo estímulo nociceptivo (mecânico, térmico ou químico) é incapaz de ativá-los caso se encontrem em seu estado normal.[18] Entretanto, os nociceptores podem se tornar sensíveis ao receber um estímulo que normalmente não provoca dor, condição denominada **alodinia**. Também podem ficar ainda mais sensíveis aos estímulos nociceptivos (que causam dor), estado que recebe o nome de **hiperalgesia**.[19]

Basicamente, a hiperalgesia é decorrente de dois eventos bioquímicos: a maior entrada de íons cálcio para o interior dos nociceptores e a estimulação da adenilato ciclase no tecido neuronal, que propicia o aumento dos níveis de AMPc. Como consequência, são gerados impulsos nervosos que chegam ao SNC, amplificando e mantendo a sensação dolorosa.[8]

Essas alterações bioquímicas são decorrentes da síntese contínua de mediadores químicos originários das células envolvidas no processo inflamatório (residentes ou que migraram dos vasos sanguíneos). Esses mediadores são genericamente chamados de **autacoides**,

Figura 3.3 – Mecanismos bioquímicos e ação dos autacoides envolvidos no processo de hiperalgesia.

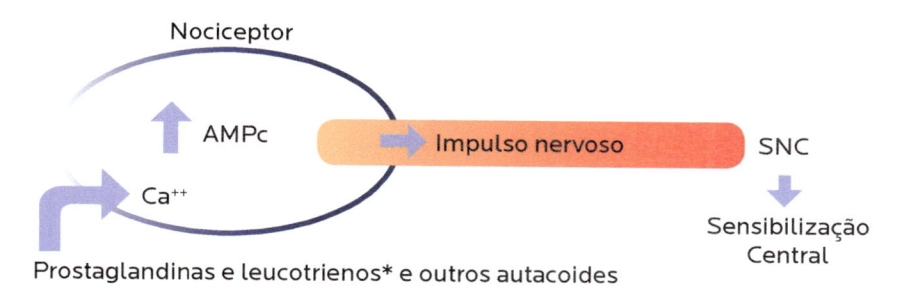

* Produtos do metabolismo do ácido araquidônico

definidos como substâncias naturais do organismo com estruturas químicas e atividades fisiológicas e farmacológicas variadas.

A Figura 3.3 ilustra, de forma simplificada, os mecanismos bioquímicos e o papel dos autacoides envolvidos no processo de sensibilização dos nociceptores (hiperalgesia).

PRODUTOS DO METABOLISMO DO ÁCIDO ARAQUIDÔNICO

Como pode ser visto na Figura 3.3, as prostaglandinas e os leucotrienos (metabólitos do ácido araquidônico), além de outros autacoides, tornam os nociceptores mais permeáveis à entrada de íons Ca^{++}.

Esse evento dá início à sensibilização dos nociceptores, tornando-os suscetíveis ao menor estímulo. Portanto, para entender parte dos mecanismos da dor inflamatória e seu controle farmacológico, é preciso relembrar as **vias de metabolismo** do ácido araquidônico.

O ácido araquidônico é um derivado do ácido linoleico, proveniente da dieta. Após sua ingestão, é esterificado como componente dos fosfolipídeos das membranas celulares e outros complexos lipídicos.

Toda vez que ocorre lesão tecidual (p. ex., uma exodontia), o organismo dá início à resposta inflamatória. O "disparo do gatilho" é dado pela ativação de uma enzima chamada fosfolipase A2, que atua nos fosfolipídeos das membranas das células envolvidas no processo inflamatório, liberando ácido araquidônico no citosol.

Por ser muito instável, o ácido araquidônico sofre a ação de dois outros sistemas enzimáticos, o sistema da cicloxigenase (COX) e o da 5-lipoxigenase (LOX), produzindo autacoides que, como já foi dito, são os responsáveis pelo estado de hiperalgesia.

VIA DA CICLOXIGENASE

Pela ação da enzima COX, o ácido araquidônico gera substâncias que produzem efeitos distintos em função do tipo celular envolvido.

Até 1993, só era conhecido um tipo de COX. Atualmente, sabe-se da existência de pelo menos duas isoformas da COX: COX-1 e COX-2. Atualmente é questionada a existência de um novo subtipo de enzima, a COX-3, presente nos tecidos do SNC. Estudos recentes sugerem a presença de uma variação enzimática, ou seja, a COX-3 pode ser uma própria variação da COX-1 ou mesmo da COX-2.

A COX-1 é encontrada em grandes quantidades em plaquetas, nos rins e na mucosa gástrica, na forma de **enzima constitutiva** (ou seja, sempre presente).

As prostaglandinas são geradas de forma lenta e estão envolvidas em processos fisiológicos como proteção da mucosa gástrica, regulação da função renal e agregação plaquetária. Em outras palavras, pela ação da COX-1 as prostaglandinas são formadas em condições de normalidade, sem precisar de estímulos inflamatórios.

A COX-2, por sua vez, está presente em pequenas quantidades nos tecidos. Sua concentração é drasticamente aumentada em até 80 vezes sob estímulo inflamatório, daí ser chamada de "cicloxigenase pró-inflamatória".

Portanto, dependendo do tipo celular envolvido e da ação enzimática da COX-1 ou da COX-2, o ácido araquidônico produz metabólitos ativos com efeitos diferentes. Como exemplo, as células lesadas do local inflamado produzem prostaglandinas; as células endoteliais que revestem as paredes dos capilares sanguíneos geram prostaciclina; as plaquetas, por sua vez, liberam tromboxanas. Com exceção das tromboxanas, responsáveis pela agregação plaquetária, todas as demais substâncias causam hiperalgesia.

As prostaglandinas promovem aumento na permeabilidade vascular, gerando edema. Além disso, aumentam a sensibilidade de nociceptores a outros autacoides, como a histamina e a bradicinina. Convém também lembrar que a lesão tecidual serve de sinalizador para que as células fagocitárias (macrófagos e neutrófilos) produzam mais prostaglandinas diretamente no local inflamado, estimulando a liberação de outros autacoides que também possuem propriedades pró-inflamatórias, com destaque para a interleucina-1 (IL-1) e o fator ativador de plaquetas (PAF).

VIA DA 5-LIPOXIGENASE (LOX)

Por esta via de metabolização do ácido araquidônico, são gerados autacoides denominados leucotrienos (LT) como produtos finais. Dentre eles, o leucotrieno B4 (LTB4) parece estar envolvido no processo de hiperalgesia, sendo também considerado um dos mais potentes agentes quimiotáticos para neutrófilos.

Portanto, entende-se que o LTB4 atrai os neutrófilos e outras células de defesa para o sítio inflamado, as quais se encarregam de fagocitar e neutralizar corpos estranhos ao organismo. Tal ação pode resultar em mais lesão tecidual, que novamente dispara o gatilho para a formação de mais autacoides, e assim por diante.

Além do LTB4, a somatória de outros leucotrienos (LTC4, LTD4 e LTE4), também formados pela via LOX, parece constituir a substância de reação lenta da anafilaxia (SRS-A). Esse dado é muito importante por ocasião da escolha de um anti-inflamatório, como será visto mais adiante.

A Figura 3.4 ilustra, de forma simplificada, as vias de metabolização do ácido araquidônico e o estado de hiperalgesia.

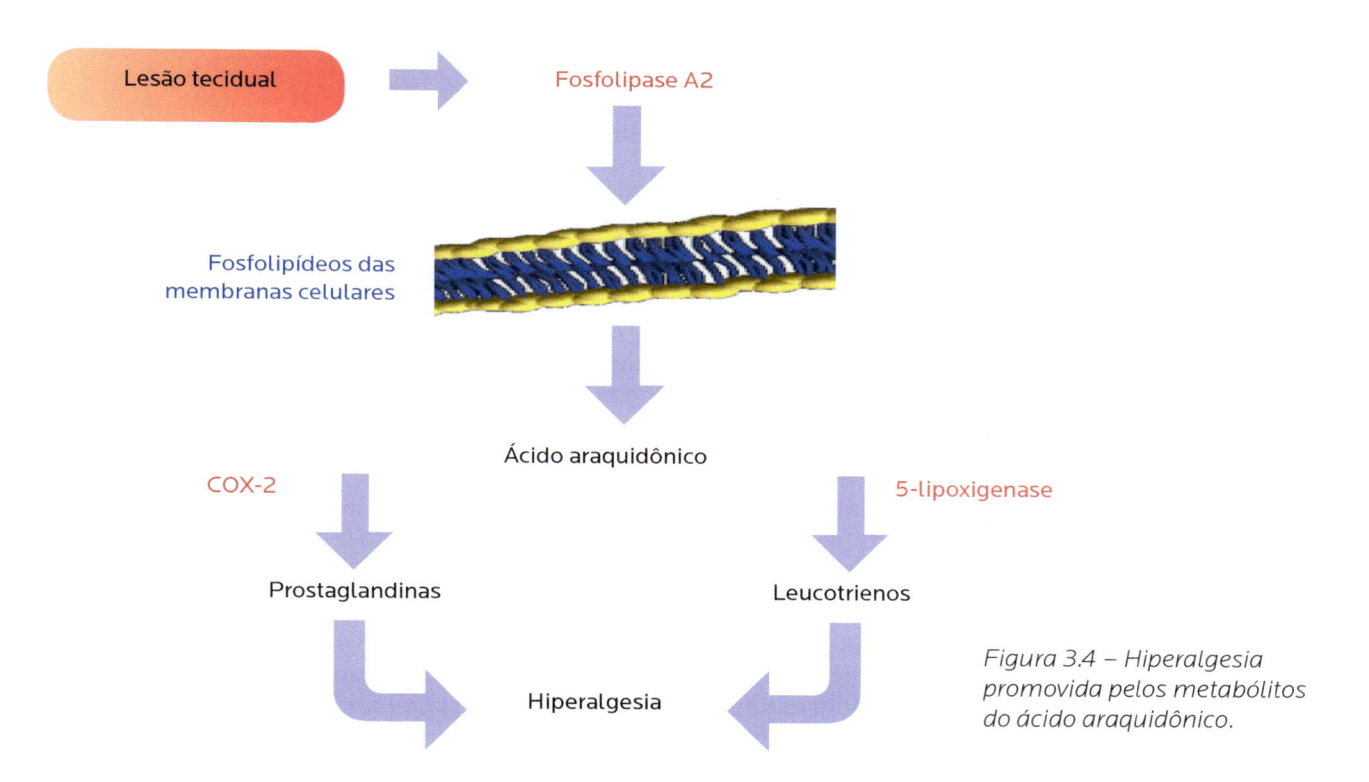

Figura 3.4 – Hiperalgesia promovida pelos metabólitos do ácido araquidônico.

A PARTICIPAÇÃO DOS NEUTRÓFILOS NO PROCESSO DE HIPERALGESIA

Os neutrófilos são as principais células efetoras da resposta inflamatória aguda. Imediatamente após a lesão tecidual, ocorre a migração e o acúmulo dessas células no local da lesão, onde passam a desempenhar várias funções.

Em geral, a **resposta inflamatória** é considerada um **processo de defesa do organismo**. Entretanto, alguns dos mecanismos inflamatórios considerados "protetores", de acordo com a intensidade, podem se transformar em fenômenos agressivos e destrutivos, aumentando ainda mais a lesão tecidual. É o que acontece quando os neutrófilos produzem substâncias pró-inflamatórias em quantidades além das requeridas, como enzimas lisossomais, prostaglandinas, LTs e radicais oxigenados livres.

Como os neutrófilos são atraídos para o local inflamado por substâncias quimiotáticas como o LTB4, estabelece-se um círculo vicioso, pois, ao gerarem LTs, mais neutrófilos são atraídos para o local, causando maior destruição tecidual e potencializando a resposta inflamatória aguda.

Portanto, quando o trauma tecidual e, consequentemente, a resposta inflamatória for de maior intensidade, como nas exodontias de terceiros molares mandibulares inclusos, um controle adequado (mas não totalmente inibitório) da migração e do acúmulo dos neutrófilos no foco inflamado não somente evitaria a produção excessiva de mediadores químicos por parte dessas células (acarretando dor e edema no período pós-operatório), como também propiciaria melhores condições para a evolução do processo tecidual de cura.

TIPOS DE ANALGESIA

Da Antiguidade, existe uma famosa frase, atribuída ao grego Hipócrates (460-377 a.C.), o "pai da medicina": *Sedare dolorem opus divinum est* ("amenizar a dor é obra divina"), que demonstra a importância do alívio da dor na prática clínica.

Atualmente, porém, sabe-se que a dor inflamatória aguda pode ser **prevenida**, mais do que simplesmente aliviada. Há de se convir que prevenir a dor é muito mais importante do que tratá-la após sua instalação.

Nos procedimentos eletivos (pré-agendados) da clínica odontológica, a dor inflamatória aguda decorrente de traumatismos cirúrgicos ou outras intervenções invasivas pode ser prevenida (e posteriormente controlada) por meio de três protocolos farmacológicos, assim denominados:

- **Analgesia preemptiva** – regime analgésico introduzido antes do estímulo nocivo. Nesse regime, são empregados fármacos que previnem a hiperalgesia, podendo ser complementados pelo uso de anestésicos locais de longa duração.
- **Analgesia preventiva** – regime que tem início imediatamente após a lesão tecidual, mas antes do início da sensação dolorosa. Em termos práticos, a primeira dose do fármaco é administrada ao final do procedimento (com o paciente ainda sob os efeitos da anestesia local), seguida pelas doses de manutenção no pós-operatório, por curto prazo.
- **Analgesia perioperatória** – regime analgésico que tem início antes da lesão tecidual, sendo mantido no período pós-operatório imediato. A justificativa para isso é que os mediadores inflamatórios devem manter-se inibidos por um tempo mais prolongado, pois a sensibilização central pode não ser prevenida se o tratamento for interrompido durante a fase aguda da inflamação.

CLASSIFICAÇÃO DOS ANALGÉSICOS E ANTI-INFLAMATÓRIOS

Dentre os critérios de classificação dos fármacos que previnem a hiperalgesia ou que controlam a dor inflamatória aguda depois de instalada, o mais didático talvez seja o que se baseia nos **mecanismos de ação farmacológica**.[8,18]

FÁRMACOS QUE PREVINEM A SENSIBILIZAÇÃO DOS NOCICEPTORES POR MEIO DA INIBIÇÃO DA ENZIMA COX

A droga padrão deste grupo é o ácido acetilsalicílico (AAS), que possui atividade analgésica quando empregado nas doses de 500 a 650 mg em adultos. Para conseguir a ação anti-inflamatória do AAS, são necessários 4 a 5 g diários. É importante lembrar também que o AAS, por apresentar ação antiagregante plaquetária, é comumente empregado em pequenas doses, na faixa de 40 a 100 mg, para a prevenção ou reincidência de fenômenos tromboembólicos em portadores de doenças cardiovasculares.

O AAS faz parte de um grupo de medicamentos denominados **anti-inflamatórios não esteroides (AINEs)**, também classificados como inibidores da COX, cuja potência analgésica e anti-inflamatória varia de acordo com a meia-vida plasmática da droga e a dose empregada.[20] Além disso, os AINEs apresentam diferentes perfis no que diz respeito a seus efeitos adversos, em razão da sua ação na COX-1 (isoforma constitutiva da COX).

A indometacina, por exemplo, um dos primeiros AINEs introduzidos no mercado farmacêutico, inibe igualmente a COX-1 e a COX-2. Isso resulta em boa eficácia da droga, por sua ação na COX-2, porém com efeitos adversos inaceitáveis, por sua ação na COX-1, principalmente se empregada por tempo prolongado.

Por essa razão, houve uma corrida da indústria farmacêutica pela síntese de novos fármacos com perfis farmacológicos mais seguros, surgindo ibuprofeno, diclofenaco, nimesulida e meloxicam, entre outros.

O interesse científico e clínico pela síntese desses novos fármacos dependia do equilíbrio de sua atividade inibidora sobre as duas formas de COX. De fato, pensava-se que, quanto mais potente fosse a inibição exercida sobre a COX-1 em relação à COX-2, maiores seriam as reações adversas do medicamento, como irritação da mucosa gastrintestinal, alterações da função renal, etc. O contrário aconteceria quando prevalecesse a inibição sobre a COX-2. O raciocínio lógico levaria à conclusão de que o AINE ideal seria aquele que apresentasse 100% de atividade inibidora de COX-2 e nenhuma sobre COX-1.

Deu-se início então à era dos chamados **coxibes** (celecoxibe, rofecoxibe, valdecoxibe, parecoxibe, etoricoxibe e lumiracoxibe), que reuniam as duas qualidades ideais de um AINE: alta eficácia e baixa toxicidade, por inibirem a COX-2 de forma seletiva ou praticamente específica.

Porém, o desenvolvimento desses fármacos não levou em conta outros riscos trazidos pela inibição seletiva da COX-2, uma vez que essa enzima também possui papel importante em alguns processos fisiológicos, como a regulação renal da excreção de sal por meio da renina, a homeostasia da pressão arterial e o controle da agregação plaquetária pelo endotélio vascular.

Conforme o papel fisiológico das prostaglandinas foi sendo mais bem entendido, tornou-se evidente que a ativação da COX-1 também tem participação no início da resposta inflamatória; por sua vez, a ativação da COX-2 nem sempre está associada somente a processos patológicos.

De fato, após milhares de pessoas em todo o mundo serem tratadas por tempo prolongado com os coxibes, cujo maior benefício seria minimizar as complicações gastrintestinais associadas ao uso crônico dos AINEs, surgiram relatos de **sérios eventos adversos cardiovasculares**

> **ATENÇÃO**
>
> Os coxibes devem ser evitados em pacientes portadores de hipertensão arterial, doença cardíaca isquêmica ou com história de acidente vascular encefálico. Nas demais situações, deve-se empregar a menor dose eficaz pelo menor tempo de duração possível.

envolvendo rofecoxibe, valdecoxibe e lumiracoxibe, culminando com a retirada dessas drogas do mercado farmacêutico mundial.

Ficou demonstrado que, por inibirem a síntese de prostaciclina, os coxibes reduzem uma das defesas preliminares do endotélio vascular contra a hipertensão, a aterosclerose e a agregação plaquetária, além de promoverem um desequilíbrio a favor da vasoconstrição. Assim, o **uso crônico dos coxibes** pode aumentar o risco de eventos cardiovasculares, como infarto do miocárdio, acidentes vasculares encefálicos, hipertensão arterial e falência cardíaca.[21]

A classificação atualmente sugerida dos AINEs, com base na seletividade pelas isoformas de COX, está apresentada no Quadro 3.1.

a) Emprego dos AINEs

Os AINEs são indicados para a prevenção e o controle da dor aguda de intensidade moderada a severa no período pós-operatório de intervenções odontológicas eletivas, como exodontia de inclusos, cirurgias periodontais, colocação de implantes múltiplos, enxertias ósseas, etc.

O regime mais eficaz com os AINEs é o de **analgesia preventiva,** introduzido imediatamente após a lesão tecidual, mas antes do início da sensação dolorosa. Em termos práticos, a primeira dose do analgésico é administrada ao final do procedimento (paciente ainda sob efeito da anestesia), seguida pelas doses de manutenção no pós-operatório, por curto prazo.

Os AINEs também podem ser úteis no controle da **dor já instalada** decorrente de processos inflamatórios agudos (p. ex., pulpite, pericementite), como complemento dos procedimentos de ordem local (remoção da causa).

QUADRO 3.1 – Classificação dos AINEs mais comumente empregados na clínica odontológica, com base na ação farmacológica sobre as isoformas da enzima cicloxigenase (COX-1 e COX-2)

AÇÃO FARMACOLÓGICA	NOME GENÉRICO
Inibidores não seletivos (inibem COX-1 e COX-2)	Cetorolaco
	Cetoprofeno
	Piroxicam
	Tenoxicam
Inibidores seletivos (inibem preferencialmente COX-2)	Ibuprofeno
	Diclofenaco
	Nimesulida
	Meloxicam
Inibidores muito seletivos* (inibem quase exclusivamente a COX-2)	Celecoxibe
	Etoricoxibe

*Coxibes atualmente disponíveis comercialmente no Brasil.

Os intervalos entre as doses de manutenção deverão ser estabelecidos de acordo com a meia-vida plasmática de cada fármaco (Tab. 3.3).

Em relação às **doses pediátricas**, aplica-se uma regra prática:

- Ibuprofeno* (solução oral gotas 100 mg/mL) – 1 gota/kg

b) Duração do tratamento

A dor decorrente de procedimentos odontológicos cirúrgicos eletivos perdura, em geral, por um período de 24 horas, com o pico de intensidade sendo atingido entre 6 e 8 horas após a cirurgia. O edema inflamatório atinge seu ápice 36 horas após o procedimento.[22]

Com base nesse conceito, a duração do tratamento com AINEs deve ser estabelecida por um período máximo de 48 a 72 horas. Se o paciente acusar dor intensa e exacerbação do edema após esse período, o profissional deverá suspeitar de alguma complicação de ordem local e agendar uma nova consulta para reavaliar o quadro clínico.

c) Usos com precaução e contraindicações

Na clínica odontológica, a duração do tratamento com AINEs quase sempre é restrita, não ultrapassando 3 dias. Portanto, a incidência de efeitos adversos clinicamente significativos por ocasião do seu emprego são mais raros do que na clínica médica. Isso se aplica tanto aos inibidores de COX-1 e COX-2 quanto aos inibidores seletivos de COX-2.

Entretanto, não se pode esquecer que as prostaglandinas, tromboxanas, prostaciclina e LTs têm outras ações biológicas, auxiliando a manter o equilíbrio de várias funções do organismo.

> **LEMBRETE**
>
> Nos procedimentos odontológicos cirúrgicos eletivos ou nos casos de dor já instalada (desde que a causa tenha sido removida), não há base científica para a prescrição dos AINEs de forma crônica (4 dias ou mais).[8]

TABELA 3.3 – AINEs: denominação genérica, doses usuais e intervalos entre as doses de manutenção em adultos

NOME GENÉRICO	DOSE	INTERVALOS ENTRE AS DOSES DE MANUTENÇÃO
Cetorolaco	10 mg	8 h
Diclofenaco potássico	50 mg	8 a 12 h
Ibuprofeno	600 mg	8 a 12 h
Nimesulida	100 mg	12 h
Diclofenaco sódico	100 mg	12 a 24 h
Cetoprofeno	150 mg	24 h
Piroxicam	20 mg	24 h
Tenoxicam	20 mg	24 h
Meloxicam	15 mg	24 h
Celecoxibe	200 mg	24 h
Etoricoxibe	60 mg	24 h

---

* *Nota do autor: o ibuprofano é o único Aine aprovado para o uso em crianças pelo FDA (Food and Drug Administration), sendo também recomendado pela Anvisa no Brasil.*

A seguir, são apresentadas algumas considerações com base nas recomendações da Anvisa, e em publicações sobre cuidados na prescrição dos AINEs.[21-23]

- A ação analgésica e anti-inflamatória dos inibidores seletivos de COX-2 não é superior àquela apresentada pelos inibidores não seletivos (que atuam em COX-1 e COX-2).
- O uso de coxibes (celecoxibe e etoricoxibe, no Brasil) deve ser considerado exclusivamente para pacientes com risco aumentado de sangramento gastrintestinal, mas sem risco simultâneo de doença cardiovascular.
- Não há estudos que demonstrem a segurança da utilização dos inibidores seletivos de COX-2 em pacientes menores de 18 anos.
- Na prescrição de qualquer droga inibidora de COX-2, deve-se usar a menor dose efetiva pelo menor tempo necessário de tratamento.
- O uso concomitante de piroxicam e ibuprofeno (e provavelmente outros AINEs) com a varfarina, droga anticoagulante, pode potencializar o efeito anticoagulante desta e provocar hemorragia.
- É contraindicado o uso de inibidores seletivos de COX-2 em pacientes sob uso contínuo de AAS empregado como antiagregante plaquetário.
- O uso concomitante de AINEs com certas drogas anti-hipertensivas pode precipitar uma elevação brusca da pressão arterial sanguínea.
- Deve-se evitar a prescrição dos inibidores da COX a pacientes com história de infarto do miocárdio, angina ou *stents* nas artérias coronárias, pelo risco aumentado de trombose, especialmente em idosos.
- Todos os AINEs podem causar retenção de sódio e água, diminuição da taxa de filtração glomerular e aumento da pressão arterial sanguínea, particularmente em idosos.

LEMBRETE

No atendimento de pacientes portadores de doença cardiovascular ou alterações renais, é imprescindível o contato prévio com o médico que os atende, para troca de informações e avaliação do risco/benefício antes de prescrever AINEs.[8]

d) Paracetamol

Além do AAS e dos AINEs, o paracetamol também é classificado como um inibidor da COX, apesar de quase não apresentar atividade anti-inflamatória (é um fraco inibidor de COX-1 e COX-2). Por esse motivo, é empregado apenas como analgésico em procedimentos odontológicos em que há expectativa ou presença de dor de intensidade leve a moderada.

Foi sugerido que a COX-3 seria a chave para desvendar o mistério do mecanismo de ação do paracetamol. Entretanto, já foi demonstrado que, em humanos, é improvável que a COX-3 exerça um papel relevante nos mecanismos da dor e da febre mediados pelas prostaglandinas.[24]

FÁRMACOS QUE PREVINEM A SENSIBILIZAÇÃO DOS NOCICEPTORES POR MEIO DA INIBIÇÃO DA AÇÃO DA ENZIMA FOSFOLIPASE A_2

Esses fármacos são representados pelos **corticosteroides**. Há mais de 60 anos, a cortisona foi empregada clinicamente pela primeira vez, com enorme sucesso, no tratamento da artrite reumatoide. As modificações químicas na molécula da cortisona geraram vários análogos sintéticos, que diferem entre si pela potência relativa anti-inflamatória, equivalência entre doses, atividade mineralocorticoide (retenção relativa de íons sódio), efeitos colaterais indesejáveis e duração de ação, com base em suas meias-vidas plasmáticas e teciduais.

A Tabela 3.4 mostra alguns dados comparativos entre a hidrocortisona e seus principais derivados sintéticos.

a) Mecanismo de ação dos corticosteroides

Já foram propostos vários mecanismos de ação anti-inflamatória para os corticosteroides. Porém, sua ação inibitória da enzima fosfolipase A_2 (o "disparo do gatilho") talvez seja o principal deles.

Após a lesão tecidual, a inativação da fosfolipase A2 reduz a disponibilidade de ácido araquidônico por parte das células que participam da resposta inflamatória. Com menor quantidade de substrato, as ações das enzimas COX-2 e LOX ficam prejudicadas, ou seja, há menor produção de prostaglandinas e LTs.

A ação dos corticosteroides é obtida de forma **indireta**. De forma simplificada, primeiramente eles têm de induzir a síntese de lipocortinas, um grupo de proteínas responsáveis pela inibição da fosfolipase A2, reduzindo assim a disponibilidade do ácido araquidônico e, por consequência, a síntese de substâncias pró-inflamatórias.

Todo o processo demanda tempo, pois o corticosteroide deve atravessar a membrana citoplasmática das células-alvo e ligar-se a receptores específicos no citosol. Na sequência, esse complexo corticosteroide-receptor migra para o interior do núcleo da célula-alvo, onde então se liga a sítios aceptores nos cromossomos para criar um RNA mensageiro.

Essa é a razão pela qual se verifica uma relativa inércia na ação terapêutica plena dos corticosteroides. Embora a ligação nuclear e a produção do RNA possam ser detectadas em minutos, a maioria dos efeitos anti-inflamatórios somente é evidenciada depois de 2 horas aproximadamente. Tudo isso deve ser considerado no uso clínico dos corticosteroides em odontologia.

TABELA 3.4 – Comparação das propriedades dos corticosteroides

CORTICOSTEROIDE	DURAÇÃO DE AÇÃO	POTÊNCIA RELATIVA	EQUIVALÊNCIA DE DOSES (mg)	MEIA-VIDA PLASMÁTICA (min)
Hidrocortisona	Curta	1	20	90
Prednisona	Intermediária	4	5	60
Prednisolona	Intermediária	4	5	200
Triancinolona	Intermediária	5	4	300
Dexametasona	Prolongada	25-30	0,75	300
Betametasona	Prolongada	25-30	0,6	300

b) Emprego dos corticosteroides

De forma similar aos AINEs, os corticosteroides são indicados para prevenir a hiperalgesia e controlar o edema inflamatório decorrentes de intervenções odontológicas eletivas, como exodontia de inclusos, cirurgias periodontais, colocação de implantes múltiplos, enxertias ósseas, etc. Para essa finalidade, a dexametasona e a betametasona são os fármacos de escolha por sua maior potência anti-inflamatória e maior duração da ação, o que permite muitas vezes seu emprego em **dose única.**

Em razão da necessidade de tempo biológico para os corticosteroides exercerem sua ação, como explicado anteriormente, o regime analgésico mais adequado para empregá-los é o de **analgesia preemptiva** (introduzido antes da lesão tecidual).
Em adultos, essa dose é, em geral, de 4 a 8 mg, administrada 1 hora antes do início da intervenção. Para crianças, recomenda-se o uso da betametasona solução gotas 0,5 mg/mL, usando a regra prática de 1 gota/Kg. Como será visto ao final deste capítulo, os corticosteroides também fazem parte do protocolo de analgesia perioperatória.

c) Vantagens do uso dos corticosteroides em relação aos AINEs

Até pouco tempo atrás, os corticosteroides eram considerados drogas potencialmente perigosas para uso em odontologia, com base em alegações de que poderiam ser responsáveis pela disseminação de infecções bucais e pelo retardo nos processos de cicatrização e reparação óssea, entre outros danos. Deve ser enfatizado que esses e outros efeitos adversos somente ocorrem quando os corticosteroides são empregados de forma crônica (por tempo prolongado).

Quando os corticosteroides são empregados em **dose única pré-operatória** ou por **tempo restrito**, podem ser feitas as seguintes considerações quanto à sua prescrição, comparada ao uso dos AINEs:

- Não apresentam efeitos adversos clinicamente significativos.
- Não interferem nos mecanismos de hemostasia, ao contrário de alguns inibidores da COX que, pela ação antiagregante plaquetária, aumentam o risco de hemorragia pós-operatória.
- Reduzem a síntese dos LTC_4, LTD_4 e LTE_4, que constituem a SRS-A, liberada em muitas reações alérgicas. Ao contrário, a ação inibitória dos AINEs na via COX, de forma exclusiva, desvia o metabolismo do ácido araquidônico para a via LOX, acarretando maior produção de SRS-A e, por consequência, reações de hipersensibilidade.
- Muitas reações adversas dos AINEs ainda não são bem conhecidas (basta lembrar o caso recente com os coxibes), o que não acontece com os corticosteroides, cujo uso clínico teve início na década de 1950.
- A relação custo/benefício do tratamento é muito melhor quando se usam os corticosteroides.

d) Usos com precaução e contraindicações

Há algumas limitações ao uso dos corticosteroides em odontologia. Esses fármacos devem ser **empregados com precaução** em pacientes diabéticos, imunodeprimidos, portadores de doença cardiovascular, úlcera péptica ativa ou infecções bacterianas disseminadas, além de gestantes e lactantes.

São contraindicações absolutas ao uso dos corticosteroides os pacientes portadores de doenças fúngicas sistêmicas, herpes simples ocular, doenças psicóticas, tuberculose ativa ou que apresentem história de alergia aos fármacos desse grupo.

Outra consideração importante diz respeito à interferência dos corticosteroides na homeostasia do eixo hipotálamo-hipófise-suprarrenal (HHA). Como se sabe, o cortisol endógeno é produzido pelas suprarrenais de forma constante, obedecendo ao ritmo circadiano. Os maiores níveis plasmáticos de cortisol no homem são observados por volta das 8 horas da manhã, e os menores são observados no início do período da noite.

Assim, quando os corticosteroides são empregados como medicação pré-operatória nas intervenções cirúrgicas odontológicas, estas devem ser agendadas preferencialmente para o início do período da manhã, para que a interferência no eixo HHA seja menos intensa e mais rapidamente reversível. Nada impede, entretanto, que a intervenção seja agendada para o período da tarde; neste caso, porém, há uma alteração um pouco mais pronunciada no ritmo circadiano de secreção endógena do cortisol.

FÁRMACOS QUE DEPRIMEM A ATIVIDADE DOS NOCICEPTORES

Quando os nociceptores já se encontram sensibilizados, os inibidores da COX (AINEs) ou da fosfolipase A_2 (corticosteroides) não mostram tanta eficácia na prevenção da hiperalgesia.

No caso de dor já instalada, os fármacos que deprimem diretamente a atividade dos nociceptores conseguem diminuir o estado de hiperalgesia persistente por meio do bloqueio da entrada de cálcio e da diminuição dos níveis de AMPc nos nociceptores (Fig. 3.5).

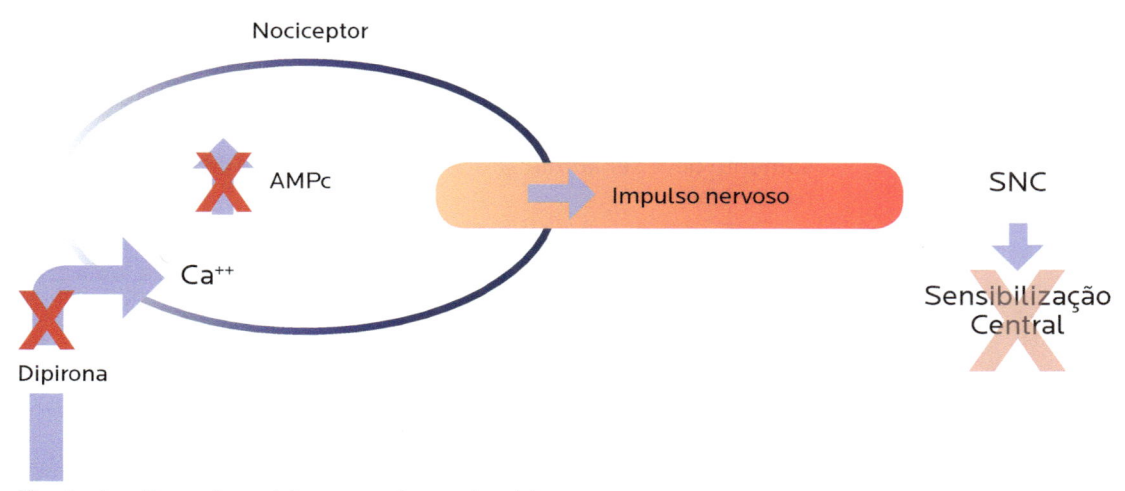

Figura 3.5 – Mecanismo de ação da dipirona.

A droga padrão desse grupo é a **dipirona**, um dos analgésicos mais comumente prescritos no Brasil e em outros países do mundo.

Já foi demonstrado que o **diclofenaco** também apresenta a propriedade de bloquear diretamente a sensibilização dos nociceptores. Isso quer dizer que o diclofenaco pode agir de duas formas: prevenindo a sensibilização dos nociceptores e deprimindo sua atividade após estar sensibilizado, o que poderia talvez explicar sua melhor eficácia no controle da dor já instalada, quando comparado a outros AINEs.

USO DE ANALGÉSICOS NA CLÍNICA ODONTOLÓGICA

Os analgésicos rotineiramente empregados na clínica odontológica são a **dipirona** e o **paracetamol**. Como alternativa a ambos, pode-se optar pelo ibuprofeno, que, em doses menores (200 mg em adultos), tem ação analgésica similar à da dipirona, praticamente sem exercer atividade anti-inflamatória.

O AAS, apesar da sua boa atividade analgésica, é empregado com menos frequência em virtude de sua ação antiagregante plaquetária. No caso de cirurgias, esse fármaco pode eventualmente predispor a maior sangramento, por aumentar o tempo de sangria.

Na clínica odontológica, esses fármacos são geralmente empregados por um período curto, em torno de 24 a 48 horas, uma vez que o objetivo é controlar a dor aguda de baixa intensidade. Apesar do uso por tempo restrito, o clínico deve estar atento para algumas contraindicações e precauções na prescrição desses analgésicos.

A seguir são feitas algumas **recomendações sobre o uso da dipirona**.

- É um analgésico eficaz e seguro para uso em odontologia.
- Por via intramuscular ou intravenosa, deve ser administrada com cautela a pacientes com condições circulatórias instáveis (PAS menor que 100 mmHg). O fato de a dipirona "baixar a pressão arterial", se empregada por via oral, não foi demonstrado em ensaios clínicos.
- O uso de dipirona deve ser evitado nos 3 primeiros meses e nas últimas 6 semanas da gestação. Mesmo fora desses períodos, somente deve ser administrada em gestantes em casos de extrema necessidade.
- A dipirona é **contraindicada** para pacientes com hipersensibilidade aos derivados da pirazolona, pelo risco de alergia cruzada, ou aos portadores de doenças metabólicas como porfiria hepática ou deficiência congênita da glicose-6-fosfato-desidrogenase.
- A dipirona deve ser evitada em pacientes com história de anemia e leucopenia, apesar de o risco de agranulocitose e aplasia medular atribuível a dipirona ser, quando muito, um caso por milhão de pessoas expostas, como demonstrado em 1986 por pesquisadores que participaram do International Agranulocytosis and Aplastic Anemia Study, na cidade de Boston (Estados Unidos).[25]

Devem-se observar as seguintes **recomendações sobre o uso do paracetamol**:

- É um analgésico seguro para uso em gestantes e lactantes.
- Pode causar danos ao fígado. No entanto, seu emprego é seguro quando se empregam até 4 g/dia em adultos, dose máxima recomendada no Brasil. Deve-se evitar o uso concomitante do paracetamol com outras drogas que também apresentam potencial hepatotóxico, como o estolato de eritromicina e o álcool etílico.
- O paracetamol é **contraindicado** para pacientes sob tratamento com varfarina sódica, pelo risco de aumentar o efeito anticoagulante e provocar hemorragia.
- É também **contraindicado** para pacientes com história de alergia ao medicamento ou de alergia aos sulfitos (a solução "gotas" de paracetamol contém metabissulfito de sódio).

As recomendações sobre o uso do ibuprofeno são as seguintes:

- É **contraindicado** para pacientes com história de gastrite ou úlcera péptica, hipertensão arterial ou doença renal.
- Deve ser evitado em pacientes com história de hipersensibilidade ao AAS, pelo risco potencial de alergia cruzada.

Além da dipirona, do paracetamol e do ibuprofeno, o cirurgião-dentista pode ainda optar pelos analgésicos de ação predominantemente central, chamados de **opioides fracos.** No Brasil, estão disponíveis para uso clínico a codeína (comercializada em associação com o paracetamol) e o tramadol, ambos indicados no tratamento de dores moderadas a intensas que não respondem ao tratamento com outros analgésicos.

Efeitos adversos como náuseas e constipação intestinal, vômito, alterações de humor, sonolência e depressão respiratória limitam a utilização desses fármacos em larga escala na clínica odontológica. Eles devem ser **utilizados com cautela** em pacientes idosos, debilitados, com insuficiência hepática ou renal, hipertrofia prostática e portadores de depressão respiratória.

A Tabela 3.5 mostra os principais analgésicos de uso odontológico, incluindo o nome genérico, as doses usuais e os intervalos entre as doses de manutenção.

TABELA 3.5 – **Nomes genéricos, doses e intervalos usuais dos analgésicos mais empregados na clínica odontológica em adultos**

NOME GENÉRICO	DOSE USUAL	INTERVALO ENTRE AS DOSES
Dipirona sódica	500 mg a 1 g	4 h
Paracetamol	750 mg	6 h
Ibuprofeno	200 mg	6 h
Paracetamol associado à codeína	Formulação contendo 30 mg de codeína	6 h
Tramadol	50 mg	8 h

No caso de **doses pediátricas**, observa-se uma regra prática:

- dipirona (solução 500 mg/mL) – 0,5 a 1 gota/kg;
- paracetamol (solução 200 mg/mL) – 1 gota/kg;
- ibuprofeno (solução 50 mg/mL) – 1 gota/kg;
- codeína e tramadol – não há indicação para uso em crianças.

PROTOCOLOS FARMACOLÓGICOS PARA PREVENÇÃO E CONTROLE DA DOR

Como dito anteriormente, quando o procedimento é pouco invasivo, como as exodontias não complicadas ou as pequenas cirurgias de tecido mole, o paciente acusa apenas certo desconforto ou dor de intensidade leve no período pós-operatório. Nesses casos, o tratamento consiste basicamente em prescrição de dipirona paracetamol ou ibuprofeno no regime de **analgesia preventiva.**

A primeira dose deve ser administrada imediatamente após o término do procedimento, seguida pelas doses de manutenção por períodos curtos, obedecendo aos intervalos recomendados para cada fármaco.

Quando há expectativa de dor intensa e edema pronunciado após um procedimento eletivo, como a exodontia de terceiros molares mandibulares inclusos, a área de Farmacologia, Anestesiologia e Terapêutica da Faculdade de Odontologia de Piracicaba/Unicamp tem preconizado a **analgesia perioperatória**, em que o regime analgésico é introduzido antes da lesão tecidual, sendo mantido no período pós-operatório imediato.

Para a analgesia perioperatória, deve-se administrar dexametasona ou betametasona (4 a 8 mg, de acordo com a extensão do traumatismo e o peso corporal do adulto) 1 hora antes da intervenção, seguida pela dipirona (preferencialmente) na dose de 500 mg a 1 g, a cada 4 horas, pelo período de 24 horas.

Caso a dor pós-operatória não seja suficientemente controlada pelo uso de corticosteroide e dipirona, pode-se repetir a dose do corticosteroide ou prescrever um AINE (diclofenaco, nimesulida, cetorolaco, etc.) nas doses e intervalos recomendados.

Por fim, no caso de tratamentos endodônticos mais complexos (canais atrésicos, nódulos pulpares, calcificações, etc.) ou retratamentos endodônticos em pacientes assintomáticos, indica-se a **analgesia preemptiva** por meio da administração de 4 mg de dexametasona ou betametasona, 1 hora antes da instrumentação do sistema de canais radiculares.

USO DE ANTIBIÓTICOS

Antibióticos são substâncias com a capacidade de interagir com bactérias que causam infecções, matando-as ou inibindo sua reprodução, **permitindo ao sistema imunológico do hospedeiro combatê-las com maior eficácia.** Com base nessa definição, pode-se deduzir que a resposta imune dos pacientes é a principal responsável pela cura das infecções bacterianas; aos antibióticos atribui-se apenas um papel auxiliar.

CLASSIFICAÇÃO

Os antibióticos são classificados com base em diferentes critérios, sendo os de maior significância clínica a ação biológica, o espectro e o mecanismo de ação.

AÇÃO BIOLÓGICA

De acordo com este critério, nas concentrações plasmáticas habitualmente atingidas, os antibióticos são classificados como **bactericidas**, quando são capazes de determinar a morte dos microrganismos sensíveis, ou **bacteriostáticos**, quando inibem o crescimento e a multiplicação dos microrganismos sensíveis sem, todavia, destruí-los.

ESPECTRO DE AÇÃO

Este critério baseia-se na eficácia dos antibióticos contra determinadas espécies bacterianas.

- Ação principal contra bactérias Gram-positivas: penicilinas G, penicilina V, macrolídeos, lincosaminas, rifamicina, vancomicina.
- Ação principal contra bactérias Gram-negativas: aminoglicosídeos (gentamicina) e floxacinas (ciprofloxacina).
- Ação similar contra bactérias Gram-positivas e Gram-negativas: ampicilina, amoxicilina, cefalosporinas, tetraciclinas, cloranfenicol.
- Ação contra bactérias anaeróbias: penicilinas, lincosaminas, tetraciclinas, cloranfenicol, metronidazol.
- Ação contra espiroquetas: penicilinas, cefalosporinas, tetraciclinas.
- Ação contra fungos: nistatina, anfotericina B, cetoconazol, itraconazol, etc.
- Ação sobre outros microrganismos (riquétsias, micoplasmas, micobactérias e clamídias): tetraciclinas e cloranfenicol.

MECANISMOS DE AÇÃO

O antibiótico ideal seria aquele que tivesse máxima **toxicidade seletiva**, isto é, que exercesse sua ação atingindo apenas o microrganismo invasor, sem causar dano ao hospedeiro. Para compreender a toxicidade seletiva, é preciso conhecer o mecanismo de ação dos antibióticos e as diferenças estruturais e funcionais que as células bacterianas apresentam em relação às células dos mamíferos. As principais são:

- presença de parede celular e cápsula;
- divisão binária com ausência dos processos de meiose;
- ausência de mitocôndrias;
- ausência de núcleo individualizado com membrana nuclear;
- ribossomos 70S, com subunidades 30S e 50S, enquanto as células humanas apresentam ribossomos 80S, com subunidades 40S e 60S.

A Figura 3.6 ilustra os principais locais de ação dos antibióticos sobre a parede celular, na síntese proteica e na síntese de ácido nucleico. Há também os que agem na membrana celular ou sobre o metabolismo intermediário ("falso substrato"), mas que são de pouco interesse para a odontologia.

a) Antibióticos que atuam na síntese da parede celular

SAIBA MAIS

Além da função de manutenção da hipertonicidade interna bacteriana, a parede celular é necessária no momento da reprodução das bactérias (divisão binária), que se inicia pela formação de um septo a partir dessa estrutura.[26]

A parede celular é uma estrutura produzida pelas próprias bactérias que reforça externamente sua membrana citoplasmática, tendo como funções proteger, sustentar e dar forma. Por ser altamente permeável, a parede celular não interfere nas trocas osmóticas celulares. Sem esse reforço, a célula bacteriana, que apresenta uma pressão osmótica interna muito elevada, não poderia conservar sua arquitetura.

A parede celular é uma estrutura exclusiva das bactérias, ou seja, não é encontrada em células de mamíferos. Esse dado é de grande importância clínica no que diz respeito à toxicidade seletiva de antibióticos que agem na inibição da síntese da parede celular, como é o caso das penicilinas (os antibióticos mais utilizados na clínica odontológica) e das cefalosporinas.

Praticamente todas as bactérias apresentam parede celular. A camada basal dessa estrutura nas bactérias Gram-negativas é mais complexa, o que talvez justifique a menor eficácia das penicilinas sobre esses microrganismos se comparados aos Gram-positivos.

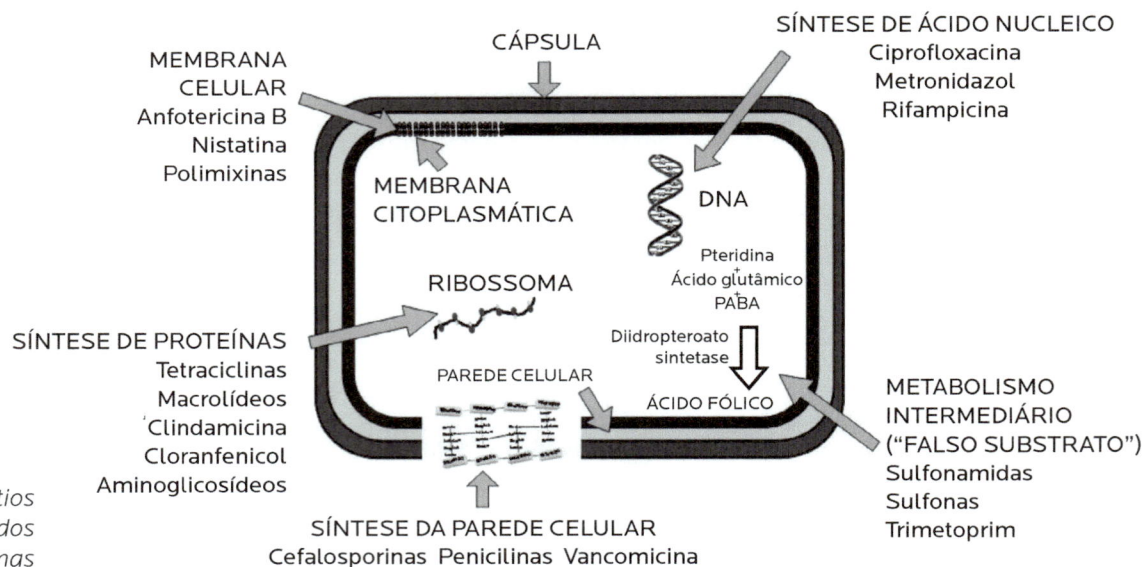

Figura 3.6 – Sítios de ação dos antibióticos nas células bacterianas.

MEMBRANA CELULAR
Anfotericina B
Nistatina
Polimixinas

CÁPSULA

SÍNTESE DE ÁCIDO NUCLEICO
Ciprofloxacina
Metronidazol
Rifampicina

MEMBRANA CITOPLASMÁTICA

DNA

Pteridina
Ácido glutâmico
PABA

Diidropteroato sintetase

ÁCIDO FÓLICO

RIBOSSOMA

SÍNTESE DE PROTEÍNAS
Tetraciclinas
Macrolídeos
Clindamicina
Cloranfenicol
Aminoglicosídeos

PAREDE CELULAR

METABOLISMO INTERMEDIÁRIO ("FALSO SUBSTRATO")
Sulfonamidas
Sulfonas
Trimetoprim

SÍNTESE DA PAREDE CELULAR
Cefalosporinas Penicilinas Vancomicina

Em uma bactéria em atividade biológica (crescendo e reproduzindo-se), a parede celular está sendo constantemente destruída e novamente sintetizada, de modo a permitir que as "bactérias filhas" tenham a mesma estrutura. Existe um equilíbrio entre a destruição e a síntese, permitindo que haja a divisão sem destruição celular, pois, à medida que surgem falhas na parede celular, novos segmentos são sintetizados, preenchendo os claros formados na parede celular da bactéria em divisão.[26]

Isso é importante para entender o mecanismo de ação das penicilinas e das cefalosporinas, que, para exercerem sua ação, necessitam que as bactérias se encontrem no processo de divisão celular, pois esses antibióticos não destroem a parede celular já existente, apenas impedem sua nova síntese. Sem a parede celular, a bactéria é destruída (ela literalmente "explode"). Sua morte ocorre pelo rompimento resultante da maior pressão osmótica no interior da célula, pois o meio ambiente exterior é hipotônico.[26]

Assim, pode-se concluir que todos os antibióticos que atuam na inibição da síntese da parede celular têm efeito bactericida. Por atuarem em uma estrutura que não existe nas células dos mamíferos, as penicilinas e as cefalosporinas são praticamente atóxicas.

Nos bacilos Gram-negativos, essa "morte osmótica" é mais demorada pelo fato de essas bactérias possuírem menor pressão osmótica interna (5 atmosferas, enquanto nas bactérias Gram-positivas esse número pode chegar a 20) e pela constituição de sua parede celular, formada muito mais por lipopolissacarídeos e lipoproteínas do que por mucopeptídeos.[26]

A **vancomicina**, antibiótico que também age na parede celular das bactérias, tem excelente atividade contra microrganismos Gram-positivos, incluindo a maioria das espécies de estreptococos e estafilococos, como o *Staphylococcus aureus* resistente à meticilina (MRSA).

b) Antibióticos que atuam na síntese proteica

Deste grupo, as tetraciclinas, as lincosaminas e os macrolídeos são os medicamentos que interessam à clínica odontológica. Eles agem dificultando a tradução da informação genética que permite a síntese proteica.

As **tetraciclinas** inibem a síntese proteica ao impedir a ligação do RNA transportador (t-RNA) à subunidade menor dos ribossomos, seja ela 30S (própria das bactérias) ou 40S (das células dos mamíferos). Essa falta de especificidade explica, pelo menos em parte, a menor toxicidade seletiva desse grupo de antibióticos.[26]

Por sua vez, as **lincosaminas** (clindamicina e lincomicina) e os **macrolídeos** (eritromicina, azitromicina e claritromicina) inibem a síntese proteica fixando-se à subunidade 50S, impedindo a ligação do t-RNA ao ribossomo. Como as subunidades 50S são encontradas somente nas células bacterianas, isso explica a maior toxicidade seletiva e o menor número de reações adversas dessas drogas em relação às tetraciclinas.[26]

LEMBRETE

O uso da vancomicina deve ser restrito ao ambiente hospitalar.

c) Antibióticos que atuam na síntese dos ácidos nucleicos

A síntese dos ácidos nucleicos parece ser o modo de ação do **metronidazol**. Esse composto penetra facilmente nas células bacterianas aeróbias e anaeróbias e nas células de mamíferos. Nas bactérias anaeróbias, entretanto, há um maior acúmulo intracelular dessa droga e de seus derivados. O grupamento nitro é reduzido, levando à formação de radicais altamente tóxicos que interrompem a síntese de DNA e atingem outros alvos das células bacterianas. Essa propriedade confere uma ação **bactericida** ao fármaco.[27]

Seja qual for o mecanismo de ação, um princípio importante a ser observado é que o antibiótico é capaz de inibir o crescimento ou matar quaisquer microrganismos que sejam sensíveis a ele, desde que atinja concentrações minimamente eficazes no tecido ou fluido. Assim, o antibiótico atua não somente sobre as bactérias patogênicas sensíveis que se deseja inibir, mas também sobre aquelas inócuas, geralmente comensais.

O PROBLEMA GLOBAL DA RESISTÊNCIA BACTERIANA

Após a prescrição de antibióticos, vários eventos podem ocorrer, dos quais apenas um é benéfico: o esperado auxílio às defesas do hospedeiro para ganhar o controle e eliminar a infecção. Contudo, os antibióticos podem causar toxicidade ou alergia, iniciar uma superinfecção ao selecionar bactérias resistentes, promover a expressão de genes latentes de resistência ou estimular a transferência de genes de resistência para espécies suscetíveis.

O mundo hoje está enfrentando um sério problema: o surgimento de **cepas bacterianas multirresistentes** aos antibióticos, as chamadas "superbactérias". Uma das mais recentes é a *Klebsiella pneumoniae carbapenemase* (KPC), que causou muitas mortes em todo o mundo porque o sistema imune de indivíduos debilitados por outras doenças, geralmente internados em unidades de terapia intensiva, não conseguiram combatê-la, mesmo contando com a ajuda de antibióticos de última geração.

Essa superbactéria contaminou centenas de pessoas em hospitais brasileiros, tendo sido registrado o primeiro caso em 2005. A essa altura, porém, o gene capaz de conferir resistência à KPC já havia sido transmitido para outras bactérias, como *Pseudomonas*, *Enterobacter* e *Escherichia coli*, que matam mais que a própria KPC.

Em decorrência do surto da superbactéria KPC no Brasil, a Anvisa publicou uma resolução na tentativa de combater o problema. Ela tornou obrigatória a instalação de dispensadores de álcool, na forma de gel, para a higienização das mãos nas unidades de saúde públicas ou privadas de todo o País, obviamente sem dispensar a tão importante lavagem das mãos.[29]

Como segunda medida, a Anvisa mudou as regras para a prescrição e a venda de preparações farmacêuticas que contenham antimicrobianos

---

LEMBRETE

É importante lembrar que todos os antibióticos que interferem na síntese proteica, dificultando a tradução da informação genética, são bacteriostáticos, ou seja, impedem o crescimento e a reprodução bacteriana.

ATENÇÃO

Os antimicrobianos podem causar grandes desequilíbrios no ecossistema bacteriano, ocasionando muitas vezes transtornos inesperados. Isso ocorre porque o equilíbrio é mantido basicamente pela competição entre os microrganismos. A eliminação de bactérias sensíveis pode resultar na seleção e proliferação das bactérias mais resistentes.

SAIBA MAIS

A Sociedade Europeia de Microbiologia Clínica e Doenças Infecciosas enfatiza que as "superbactérias" são um problema de saúde pública, pois não teremos antibióticos para combatê-las nos próximos 10 anos.[28]

na sua formulação, já apresentadas neste capítulo, visando diminuir a comercialização indiscriminada e desestimular a automedicação.

Na clínica odontológica, os antibióticos são empregados para prevenir ou tratar infecções bacterianas. Seja de forma preventiva ou terapêutica, constata-se atualmente que seu uso abusivo e indiscriminado está contribuindo sobremaneira para selecionar e aumentar cada vez mais a população de bactérias resistentes. O primeiro e principal conceito é de que não é somente o mau uso dos antibióticos que contribui para a resistência bacteriana, mas simplesmente o uso.

As melhores armas de que o cirurgião-dentista dispõe para evitar ou enfrentar o fenômeno da resistência bacteriana são **bom-senso e parcimônia** no uso de antibióticos na clínica diária. O conhecimento dos agentes causadores das infecções mais comuns em cada especialidade é um fator importante para prevenir ou tratar as infecções.

LEMBRETE

A utilização de antibióticos baseada no "medo" ou na insegurança é, no mínimo, irresponsável.

INDICAÇÕES DO USO DOS ANTIBIÓTICOS

Na clínica odontológica, os antibióticos podem estar indicados em duas situações totalmente distintas: na prevenção das infecções (uso profilático) ou no tratamento das infecções (uso terapêutico). Neste último caso, são usados como complemento dos procedimentos clínicos que visam descontaminar o local infectado.

USO PROFILÁTICO

A profilaxia antibiótica consiste na administração de antibióticos a pacientes que **não apresentam evidências de infecção**, com o intuito de prevenir a colonização de bactérias e suas complicações no período pós-operatório. O uso profilático de antibióticos em odontologia pode ser instituído com o objetivo de prevenir infecções da ferida cirúrgica na região operada (daí ser chamada de profilaxia cirúrgica) ou evitar infecções a distância (em outras partes ou regiões do organismo).

a) Profilaxia cirúrgica

Há muita controvérsia quanto ao uso rotineiro de antibióticos com o intuito de prevenir infecções da ferida cirúrgica decorrentes de intervenções como remoção de terceiros molares inclusos, cirurgias periodontais ou colocação de implantes dentários unitários.

A incidência de infecção pós-operatória nesses casos é muito pequena quando as intervenções são executadas por profissionais experientes.[30,31] Se as medidas de assepsia e antissepsia forem seguidas à risca, a profilaxia antibiótica não é necessária, a não ser que o sistema imune do paciente por algum motivo esteja comprometido.[32]

Além disso, estima-se que 6 a 7% dos pacientes tratados com antibióticos experimentam algum tipo de reação adversa (alergia, problemas gastrintestinais, etc.). Isso deve ser levado em consideração quando se avalia a relação entre o risco e o benefício do emprego desses medicamentos.[33]

> **ATENÇÃO**
>
> Mesmo quando houver indicação precisa da profilaxia antibiótica cirúrgica, ela deve ser instituída por curto período, pois o uso prolongado não confere uma proteção adicional e pode aumentar a frequência de reações adversas e a seleção de espécies bacterianas resistentes.

É interessante notar que, no planejamento de uma cirurgia em pacientes assintomáticos e imunocompetentes, muitos cirurgiões-dentistas, por falta de conhecimento ou insegurança, ainda prescrevem antibióticos por períodos de até 7 a 10 dias, para "prevenir" a infecção da ferida cirúrgica. Não há base científica para esse tipo de conduta, que é desnecessária e inadequada.

Se o profissional optar pela profilaxia antibiótica, ela deverá ser instituída antes da intervenção. Doses profiláticas pós-operatórias de antibióticos não trazem benefícios ao paciente, pois não conseguem penetrar e desorganizar o biofilme bacteriano já formado nos tecidos ou estruturas da região operada.

NÃO FAÇA! Nossa opinião particular é a de que o uso profilático sistêmico de antibióticos **não deve fazer parte** do protocolo farmacológico para a maioria das cirurgias bucais em pacientes imunocompetentes. Medidas de antissepsia extra e intrabucal, manutenção da cadeia asséptica, boa técnica cirúrgica e prescrição de solução de digluconato de clorexidina a 0,12% para bochechos no período pós-operatório parecem ser suficientes para prevenir infecções da ferida cirúrgica.

b) Profilaxia de infecções a distância

O uso profilático de antibióticos para prevenir infecções a distância (outros locais que não os tecidos da cavidade bucal) somente é indicado para pacientes que apresentam determinadas patologias ou condições de risco, quando há expectativa de bacteremia transitória decorrente de intervenções odontológicas invasivas.

Esse é o caso de indivíduos portadores de determinadas cardiopatias que podem predispor à **endocardite infecciosa** (EI), uma alteração inflamatória proliferativa do endocárdio causada pela infecção de microrganismos cujo índice de mortalidade ainda é alto, mesmo após o advento dos antibióticos.

Os principais fatores de risco da EI são as lesões do endocárdio decorrentes de doenças congênitas ou adquiridas que, por alterarem a hemodinâmica do coração, causam turbulência e facilitam a deposição de plaquetas e a formação de coágulos intravasculares, com subsequente colonização bacteriana. São formadas vegetações que, ao se desprenderem do local de origem, disseminam-se por via sanguínea, podendo provocar embolia pulmonar ou cerebral ou até mesmo septicemia.[34]

Até pouco tempo atrás, os microrganismos mais associados à etiopatogenia da EI eram os *Streptococcus viridans* e, em um segundo plano, os *Staphylococcus aureus*, por estarem presentes na pele e nas mucosas. Hoje em dia têm aumentado os casos de EI causada por estafilococos, provavelmente em virtude do maior número de indivíduos que fazem uso de drogas ilícitas por via intravenosa.[35]

Os *Streptococcus viridans*, que fazem parte da microbiota bucal, são comumente associados à etiologia da EI. Por esse motivo, os cirurgiões-dentistas já foram considerados os principais causadores indiretos da doença. Entretanto, a British Cardiac Society considera que apenas 4% dos relatos da doença foram comprovadamente relacionados com uma possível bacteremia induzida por procedimentos dentários.[36]

Já foi demonstrado que a somatória do tempo mensal em que um indivíduo é exposto à bacteremia transitória provocada pela mastigação e pelos hábitos diários de higiene oral (escovação, uso do fio dental, etc.) é muito maior se comparado ao tempo de duração da bacteremia provocada por uma exodontia (em torno de 30 a 45 minutos). Diante disso, pode-se concluir que "a endocardite infecciosa pode ser o resultado de uma **simples falha das defesas do organismo** em resposta a um dos milhares de episódios de bacteremia que ocorrem durante toda a vida do indivíduo".[37]

Sob essa ótica, a participação do cirurgião-dentista na prevenção da EI se torna ainda mais importante, por ser o responsável direto pela prevenção e pelo tratamento das doenças bucais, bem como pela orientação dos cuidados de higiene oral de seus pacientes. Associações internacionais de renome também exercem seu papel, como a American Heart Association e a American Dental Association, que se reúnem periodicamente para reavaliar as recomendações para médicos e cirurgiões-dentistas, direcionadas à prevenção da EI.

Atualmente, a **profilaxia** da EI é recomendada apenas aos indivíduos que possuem alto risco de desenvolver a doença. Portanto, a melhor conduta do cirurgião-dentista, após identificar o paciente portador de cardiopatia, é procurar obter informações sobre o estado atual da doença. Cabe ao médico que atende o paciente informar se aquela determinada cardiopatia é de alto risco ou não para a endocardite, para que junto com o cirurgião-dentista possam ser tomadas as devidas providências na prevenção dessa complicação. Além de ético, esse procedimento contribui inequivocamente para a maior segurança do profissional e do próprio paciente.

A seguir, são apresentadas as recomendações atuais da American Heart Association,[38] das quais fazem parte as condições cardíacas de alto risco para a EI, os procedimentos odontológicos de risco e os regimes antibióticos profiláticos para adultos e crianças. As condições cardíacas de alto risco para a EI são as seguintes:

- portadores de próteses valvares cardíacas;
- pacientes com história prévia de EI;
- valvopatia adquirida em paciente transplantado cardíaco;
- portadores de certas cardiopatias congênitas cianogênicas.

CONTRAINDICAÇÃO: O uso de antibióticos para a profilaxia da EI não é indicada para pacientes que sejam portadores de marca-passos cardíacos ou que foram submetidos à revascularização do miocárdio por meio de pontes venosas ou arteriais.

Quanto aos procedimentos odontológicos de risco, com base nas últimas recomendações da American Heart Association,[38] a profilaxia antibiótica é recomendada sempre que houver expectativa de sangramento excessivo.

A higienização dentária ou periodontal inadequada e as infecções periodontais ou periapicais persistentes podem produzir bacteremias transitórias mesmo na ausência de procedimentos odontológicos. A incidência e a magnitude dessas bacteremias, em geral, são diretamente proporcionais ao grau de inflamação ou infecção.

Os padrões de regimes recomendados pela American Heart Association para a prevenção da EI na clínica odontológica consistem no uso de **amoxicilina**. Para adultos, a dosagem é de 2 g e, para crianças, indica-se a dose de 50 mg/kg de peso corporal. A amoxilina deve ser administrada por via oral 1 hora antes do início do procedimento.[38]

LEMBRETE

A recomendação atual é de que se institua a profilaxia para a EI previamente a toda manipulação do tecido gengival e da região periapical dos dentes ou perfuração da mucosa oral. Ela não é recomendada antes das técnicas anestésicas de rotina em tecidos não infectados.

Nos casos de **pacientes alérgicos às penicilinas**, as opções são as seguintes, sempre empregadas por via oral 1 hora antes do início do procedimento:[38]

- clindamicina – 600 mg para adultos;
- cefalexina ou cefadroxil* – 2 g para adultos e 50 mg/kg de peso corporal para crianças;
- claritromicina ou azitromicina – 500 mg para adultos e 15 mg/kg de peso corporal para crianças.

Observação: As doses pediátricas não devem exceder as doses de adultos.

Amoxicilina, ampicilina e penicilina V são igualmente efetivas contra os estreptococos alfa-hemolíticos *in vitro*. A amoxicilina é recomendada por sua melhor absorção pelo trato gastrintestinal e por proporcionar níveis séricos mais elevados e duradouros.

USO TERAPÊUTICO

O tratamento básico das infecções bacterianas bucais, seja qual for sua origem, é a **descontaminação do local**. O tratamento com antibióticos, por si só, muitas vezes é insuficiente para resolver o problema quando a causa não é removida pelo profissional.

Nas infecções de cunho endodôntico, a causa invariavelmente se encontra no interior do sistema de canais radiculares. Assim, o tratamento básico consiste na remoção do tecido necrosado e de outros agentes irritantes por meio da instrumentação mecânica e do uso de agentes químicos auxiliares durante a irrigação.

A drenagem de uma coleção purulenta "via canal" pode ser útil apenas no caso de abscessos apicais. Como o pus tem consistência viscosa e o diâmetro do forame apical é diminuto, a ampliação do forame muitas vezes é essencial para que se tenha sucesso. Ainda assim, essa conduta pode não ser suficiente para resolver o problema. Nesses casos, deve ser complementada pela drenagem cirúrgica, seja por meio da incisão com bisturi, no caso de abscessos subperiósticos ou submucosos, ou da trefinação da cortical óssea, em caso de abscessos intraósseos.

---

*   *Nota do autor: em razão da possibilidade de reação alérgica cruzada, as cefalosporinas devem ser evitadas apenas em pacientes com história prévia de hipersensibilidade imediata às penicilinas (reações do tipo 1, mediadas pelas imunoglobulinas E).*

Quando o abscesso apresenta limites precisos, sem sinais locais de disseminação do processo infeccioso (celulite, linfadenite, limitação da abertura bucal), pode-se dizer que as defesas do hospedeiro estão conseguindo controlar a infecção. Nesses casos, o uso de antibióticos como complemento da descontaminação local quase sempre é desnecessário, pois não proporciona benefícios ao paciente.

Quando ocorre o contrário, ou seja, quando se constatam esses sinais por meio da anamnese e do exame físico, aliados a sintomas como febre, falta de apetite e mal-estar geral, tudo leva a crer que o sistema imune do paciente não está conseguindo controlar a infecção. Nesses casos, a terapia antibiótica deve ser considerada.

a) Critérios de escolha do antibiótico

Com base em testes de suscetibilidade *in vitro*, a **penicilina V** seria a droga de escolha para o tratamento de infecções bucais agudas em fase inicial, por ser efetiva contra as bactérias aeróbias, anaeróbias estritas e facultativas, além de apresentar baixa toxicidade e boa relação custo/benefício.

Entretanto, no Brasil enfrentamos um problema técnico. Nos Estados Unidos e em muitos países da Europa, a penicilina V é comercializada na forma de comprimidos com 500 mg. No nosso país, porém, ela é apresentada na forma de comprimidos contendo 500.000 UI (unidades internacionais), que equivalem a aproximadamente 325 mg. Na prática, 500 mg de penicilina V, no Brasil, equivalem a 1,5 comprimido, aumentando o custo final do tratamento. Em outros países, bastaria 1 comprimido de 500 mg.

Outra limitação do uso da penicilina V é que, para obter níveis séricos estáveis desse antibiótico, que se mantenham acima da concentração inibitória mínima (CIM), é necessário administrá-lo a cada 4 a 6 horas, aumentando o número de tomadas (e novamente o custo do tratamento, se comparado à amoxicilina), além de diminuir a adesão do paciente ao tratamento proposto.

A **amoxicilina**, que também faz parte do grupo das penicilinas, possui um espectro de ação aumentado em relação à penicilina V, o que não chega a ser uma grande vantagem, pois acaba por atingir bactérias que não estão envolvidas na maioria das infecções bucais. No entanto, tem as vantagens de ser rapidamente absorvida por via oral, não sofrer interferência da alimentação e apresentar maior meia-vida plasmática e tecidual. Isso permite empregá-la com intervalos de 8 horas, quando utilizada a concentração de 500 mg.

O **metronidazol**, por sua vez, é um antimicrobiano bactericida muito eficaz contra bactérias anaeróbias Gram-negativas, não possuindo atividade contra bactérias aeróbias e anaeróbias facultativas. Está indicado (quase sempre em associação com a amoxicilina ou outra penicilina) nos casos de infecções bucais mais avançadas, especialmente na presença de celulite ou nos quadros de pericoronarite, quando há o predomínio de bactérias anaeróbias estritas.

A associação de **amoxicilina com clavulanato de potássio** é bastante eficaz contra as bactérias presentes nas infecções endodônticas, situação comprovada ao menos em testes de suscetibilidade *in vitro*.

LEMBRETE

No tratamento das infecções endodônticas, a decisão de empregar antibióticos como complemento da desinfecção local deve basear-se na presença de sinais de disseminação local e/ou manifestações sistêmicas do processo infeccioso.

PARA PENSAR

Não se pode esquecer que a terapia antibiótica tem por único objetivo auxiliar o hospedeiro a controlar o crescimento ou eliminar as bactérias que suplantaram, temporariamente, seus mecanismos de proteção.

LEMBRETE

A amoxicilina tem sido a droga de escolha para o tratamento de infecções bacteriana bucais em fase inicial, quando ainda predominam as bactérias aeróbias e anaeróbias facultativas.

O clavulanato de potássio é um inibidor competitivo da enzima betalactamase, produzida por algumas espécies bacterianas para inativar as penicilinas.

Apesar da eficácia da associação de amoxicilina com clavulanato de potássio, esta não deve ser empregada de forma rotineira na clínica odontológica. Deve ser reservada para os casos nos quais não se obtém resposta clínica ao tratamento com a associação de amoxicilina e metronidazol.

A **eritromicina**, da família dos macrolídeos, possui um espectro de ação que atinge os anaeróbios Gram-positivos, mas tem pouca eficácia contra bactérias anaeróbias envolvidas nas infecções bucais. Por muito tempo foi empregada como alternativa às penicilinas em pacientes alérgicos, mas atualmente deixou de ser utilizada em virtude do aumento da resistência bacteriana.

A **claritromicina** e a **azitromicina** são macrolídeos com espectro de ação aumentado em relação à eritromicina, indicados para pacientes alérgicos às penicilinas no tratamento das infecções bucais ainda em fase inicial. Em razão de uso indiscriminado, especialmente na área médica, tem aumentado o número de cepas bacterianas resistentes à azitromicina.

A **clindamicina** possui um espectro de ação que abrange bactérias aeróbias, anaeróbias facultativas Gram-positivas e anaeróbias estritas. É a melhor escolha para pacientes com história de alergia às penicilinas no caso de tratamento de infecções bacterianas bucais de maior gravidade. Atinge concentrações ósseas similares às concentrações plasmáticas.

As **cefalosporinas** de primeira geração não têm eficácia contra os anaeróbios envolvidos nas infecções endodônticas. As de segunda geração ainda mostram alguma eficácia contra esses microrganismos, embora o custo do tratamento seja maior se comparado com o das penicilinas. Cerca de 10 a 15% dos pacientes pode apresentar alergia cruzada com as penicilinas.

Por fim, a **ciprofloxacina**, da família das quinolonas, também não atinge as bactérias anaeróbias geralmente encontradas nos abscessos endodônticos. Seu uso pode ser considerado apenas em infecções persistentes, após testes de cultura e sensibilidade que demonstrem a presença de bactérias suscetíveis.

b) Dosagem e duração do tratamento

A dosagem ideal dos antibióticos é aquela suficiente para ajudar no combate aos patógenos da infecção, com os mínimos efeitos adversos na fisiologia do hospedeiro e na ecologia microbiana.

Como a maioria das infecções bacterianas bucais agudas tem início rápido, não há como estabelecer em pouco tempo a CIM de um determinado antibiótico em laboratório. Por isso, recomenda-se iniciar o tratamento com uma **dose de ataque**, em geral o dobro das doses de manutenção.[39]

Normalmente, uma dose de ataque de antibiótico é indicada quando a droga apresenta meia-vida plasmática maior do que 3 horas. Apesar de muitos antibióticos empregados no tratamento das infecções bucais possuírem uma meia-vida plasmática menor do que 3 horas, a natureza aguda do processo infeccioso requer níveis sanguíneos adequados antes do período de 12 horas. Dessa forma, uma dose inicial de 1 a 2 g de penicilina V ou amoxicilina, seguida de doses de manutenção de 500 mg parecem ser apropriadas em adultos.[39]

As doses de manutenção devem proporcionar níveis adequados do antibiótico nos tecidos infectados que excedam a CIM do microrganismo-alvo. Para isso, a concentração plasmática do antibiótico deve exceder a CIM em 2 a 8 vezes, de acordo com a droga, para compensar a passagem pelas barreiras teciduais que restringem o acesso do antibiótico ao sítio infectado.[39]

Os intervalos entre as doses devem ser criteriosamente obedecidos. As penicilinas, por exemplo, por atuarem na síntese da parede celular bacteriana, requerem que as bactérias se encontrem em processo de divisão celular e devem estar continuamente presentes no local infectado, uma vez que as bactérias se dividem em tempos e quantidades diferentes.

Da mesma forma que apresentam evolução muito rápida, as infecções bucais agudas têm duração relativamente curta (2 a 7 dias), particularmente quando o foco da infecção é eliminado.[39] De fato, observa-se que a cura das infecções agudas endodônticas se dá em um curto período quando se consegue um bom acesso ao local da infecção e a remoção da maior parte do material contaminado.

Portanto, quando se discute a duração do tratamento com antibióticos, um dos conceitos mais errôneos é o de que a terapia requer o ciclo completo de 7 a 10 dias para eliminar as bactérias resistentes.[14] Isso é uma contradição, pois um antibiótico não pode afetar bactérias resistentes a si próprio, pela própria definição de resistência bacteriana. Ao contrário, o uso prolongado de antibióticos somente serve para eliminar as bactérias sensíveis e selecionar as espécies resistentes.[39]

> **ATENÇÃO**
>
> O uso prolongado de antibióticos somente serve para eliminar as bactérias sensíveis e selecionar as espécies resistentes.[14]

É importante lembrar que os antibióticos não causam mutação em microrganismos, nem induzem o aparecimento de qualquer nova característica na bactéria. O que acontece é que os antibióticos exercem a chamada **pressão seletiva**, ou seja, em contato com bactérias, eles matam ou impedem o crescimento de cepas sensíveis, e as resistentes sobrevivem. Com o uso frequente, essa seleção leva ao predomínio das cepas que sobreviveram, multiplicaram-se e agora são maioria. Portanto, fica claro por que, em ambientes hospitalares ou comunidades sem qualquer controle no uso de antibióticos, o aparecimento de cepas multirresistentes é mais frequente e complexo.[32]

Outra afirmação comum é que a terapia antibiótica por tempo prolongado é necessária para evitar a reincidência das infecções, pois as bactérias são suprimidas, mas não eliminadas. Ora, é sabido que **as infecções bucais agudas dificilmente reincidem**, particularmente se a fonte da infecção for erradicada por meio da descontaminação local.[39]

Quando os antibióticos estiverem indicados no tratamento das infecções bucais agudas, a prescrição deve ser feita inicialmente pelo período de 3 dias. Antes de completar essas primeiras 72 horas de tratamento, uma consulta deverá ser agendada para reavaliação do quadro clínico. Com base nos sinais e sintomas, o profissional deve decidir pela manutenção ou suspensão do tratamento. Quando a descontaminação local tem sucesso, a duração do tratamento dificilmente ultrapassa 5 dias.[39,40]

Na Tabela 3.6 são apresentados os regimes antimicrobianos para o tratamento das infecções bacterianas bucais agudas em adultos e crianças.

TRATAMENTO DAS DOENÇAS PERIODONTAIS CRÔNICAS

A **periodontite crônica** é considerada uma doença infecciosa de progressão lenta que resulta primariamente da resposta inflamatória ao acúmulo de placa e cálculo. Na maioria dos casos, a instrumentação mecânica, combinada ou não à cirurgia, é suficiente para o controle da doença. Portanto, o tratamento complementar com antibióticos está indicado apenas no caso de pacientes que continuam exibindo contínua perda de inserção periodontal, mesmo após a terapia mecânica convencional.

No caso das **periodontites agressivas** que acometem jovens e adultos, dados microbiológicos indicam que o *Aggregatibacter actinomycetemcomitans* (Aa), um bacilo facultativo Gram-negativo, constitui um importante agente etiológico da doença. É interessante destacar que o Aa não responde ao tratamento com amoxicilina ou metronidazol quando empregados de forma isolada, mas mostra uma extrema sensibilidade à associação desses antimicrobianos.[41]

PARA PENSAR

A mudança de comportamento dos cirurgiões-dentistas com relação à prescrição de antibióticos só ocorrerá com a quebra de tabus e a atualização de conceitos nos cursos de graduação e pós-graduação.

TABELA 3.6 – Regimes antimicrobianos recomendados no tratamento das infecções bacterianas bucais agudas

INDICAÇÃO	ANTIBIÓTICO	ADULTOS	CRIANÇAS*
INFECÇÕES EM FASE INICIAL	Amoxicilina	500 mg a cada 8 h	20 mg/kg/dose
Pacientes com história de alergia às penicilinas	Claritromicina	500 mg a cada 12 h	7,5 mg/kg/dose
	ou	ou	ou
	Azitromicina	500 mg a cada 24 h	10 mg/kg/dose
INFECÇÕES AVANÇADAS PRESENÇA DE CELULITE PERICORONARITES	Amoxicilina	500 mg a cada 8 h	20 mg/kg/dose
	+	+	+
	Metronidazol	250 mg a cada 8 h	7,5 mg/kg/dose
Quando não se obtém resposta ao tratamento com amoxicilina + metronidazol	Amoxicilina associada com clavulanato de potássio	500 mg a cada 8 h	20 mg/kg/dose
Pacientes com história de alergia às penicilinas	Clindamicina	300 mg a cada 8 h	10 mg/kg/dose**

*As dosagens pediátricas foram calculadas por dose (tomada), e não por dia. Os intervalos entre as doses para crianças são os mesmos que para os adultos. **Não há preparações farmacêuticas de clindamicina na forma de suspensão para uso pediátrico.

Quanto às **periodontites do adulto** que não respondem de forma adequada ao debridamento mecânico convencional, a monoterapia com metronidazol tem sido preconizada como complemento da descontaminação do local na tentativa de reduzir os patógenos responsáveis pela infecção.[42] Os protocolos antimicrobianos indicados nas duas condições descritas são descritos a seguir:

- Periodontites agressivas – amoxicilina 375 mg + metronidazol 250 mg, ambos a cada 8 h, por 7 dias
- Pacientes alérgicos às penicilinas – doxiciclina 100 mg a cada 24 h, por 14 a 21 dias
- Periodontite do adulto – metronidazol 250 mg a cada 8 h, por 7 dias

INTERAÇÕES MEDICAMENTOSAS

A prescrição concomitante de vários medicamentos a um mesmo paciente continua sendo uma prática comum no Brasil e em outros países do mundo. Na clínica médica, a prescrição de vários medicamentos a um mesmo paciente pode ser justificável, como no caso de idosos portadores de doenças cardiovasculares, endócrinas e respiratórias. Na clínica odontológica, no entanto, não é comum o emprego da chamada "polifarmácia" para prevenir ou tratar os problemas de saúde bucal.

Algumas interações farmacológicas são até mesmo desejáveis na prática cotidiana da odontologia. O exemplo clássico diz respeito à associação do anestésico local com um agente vasoconstritor. Ao promover a constrição dos vasos sanguíneos do local onde a solução foi depositada, o vasoconstritor diminui a velocidade de absorção do sal anestésico, aumenta o tempo de duração da anestesia e reduz o risco de toxicidade sistêmica.

Outras interações, entretanto, podem acarretar problemas sistêmicos de saúde, com diferentes graus de gravidade. Aquelas que eventualmente ocorrem na clínica odontológica geralmente não são bem documentadas, talvez pelo fato de a odontologia ser exercida muito mais em consultórios ou clínicas privadas do que em ambientes comunitários, como os hospitais. Portanto, é importante destacar que, apesar de muitas interações entre drogas já se encontrarem bem estabelecidas, outras, ao contrário, são apenas baseadas em relatos isolados, necessitando ainda de maior comprovação científica.

CLASSIFICAÇÃO DAS INTERAÇÕES MEDICAMENTOSAS ADVERSAS

As interações podem ser **farmacocinéticas**, quando ocorrem durante a absorção, distribuição, biotransformação ou excreção dos

RESUMINDO

A profilaxia antibiótica está sendo cada vez mais desestimulada, pois são raras as situações na prática odontológica em que há indicação para tal. Quando é recomendada, o antibiótico deve ser empregado pelo menor tempo possível, até mesmo em dose única pré-operatória.
No tratamento das infecções bucais agudas, uma vez tomada a decisão de empregar o antibiótico, independentemente do agente empregado, o princípio de uso é sempre o mesmo: doses maciças por tempo restrito.
Na terapia das doenças periodontais crônicas, o uso de antibióticos como complemento da descontaminação local deve basear-se em evidências científicas, obedecendo a protocolos suficientemente testados.

fármacos, ou **farmacodinâmicas**, quando se dão nos sítios de ação dos medicamentos, envolvendo os mecanismos pelos quais os efeitos se manifestam.

Outro critério de classificação diz respeito ao resultado final da interação entre dois ou mais medicamentos, sendo expresso em cinco categorias:

- Antagonismo – indica uma interação que diminui a resposta clínica de um medicamento quando uma segunda droga é administrada.
- Potenciação – ocorre quando a combinação de dois medicamentos que não apresentam atividades farmacológicas comuns resulta em uma resposta maior do que a esperada.
- Somação – é a resposta aumentada que ocorre quando medicamentos com efeitos similares são administradas em conjunto.
- Sinergismo – ocorre quando a interação produz uma resposta exagerada, maior do que aquela conseguida com ambos os medicamentos administrados isoladamente.
- Inesperada – reação adversa que não é observada em relação a ambas as drogas, quando administradas isoladamente.

Na Tabela 3.7 são apresentadas as principais interações medicamentosas adversas de interesse para a odontologia. As interações com os componentes das soluções anestésicas locais foram abordadas no Capítulo 2.

TABELA 3.7 – Interações medicamentosas de interesse para a clínica odontológica

DROGA DE QUE O PACIENTE PODE ESTAR SOB O EFEITO	MEDICAÇÃO PRESCRITA PELO DENTISTA	PROVÁVEL CONSEQUÊNCIA
Álcool etílico	BDZs	Maior depressão do SNC
	Paracetamol	Hepatotoxicidade
	Metronidazol	Intoxicação aldeídica (reação tipo dissulfiram)
	AINEs	Lesões da mucosa gastrintestinal
Contraceptivos orais (pílulas anticoncepcionais)	Antibióticos	Diminuição do efeito contraceptivo
Anti-hipertensivos	AINEs	Aumento brusco da pressão arterial
Varfarina (anticoagulante)	Paracetamol	Aumento do efeito anticoagulante com risco de hemorragia
	Metronidazol	
	AINEs	

Referências

Capítulo 1 – Farmacologia

1. Brasil. Presidência da República. Casa Civil. Lei nº 5.991, de 17 de dezembro de 1973. Dispõe sobre o controle sanitário do comércio de drogas, medicamentos, insumos farmacêuticos e correlatos, e dá outras providências [Internet]. Brasília: Casa Civil; 2011 [capturado em 20 dez. 2012]. Disponível em: http://www.planalto.gov.br/ccivil_03/leis/L5991.htm.

2. Brasil. Ministério da Saúde. Agência Nacional de Vigilância Sanitária. RDC nº 140, de 29 de maio de 2003. Dispõe sobre as bulas de medicamentos [Internet]. Brasília: Anvisa; 2003 [capturado em 20 dez. 2012]. Disponível em: http://www.anvisa.gov.br/legis/resol/2003/rdc/140_03rdc.htm.

3. Rosalen PL, Andrade ED. Farmacotécnica. In: Andrade ED. Terapêutica medicamentosa em odontologia. 2. ed. São Paulo: Artes Médicas; 2006. p. 7-11.

4. Newman DJ, Cragg GM, Snader KM. Natural products as sources of new drugs over the period 1981-2002. J Nat Prod. 2003;66(7):1022-37.

5. Calixto JB. Biodiversidade como fonte de medicamentos. Cienc Cult. 2003;55(3):37-9.

Capítulo 2 – Anestesiologia

1. Berry CA, Sanner JH, Keasling HH. A comparison of the anticonvulsant activity of mepivacaine and lidocaine. J Pharmacol Exp Ther. 1961;133(3):357-63.

2. Volpato MC, Ranali J, Andrade ED. Anestesia local. In: Andrade ED, editor. Terapêutica medicamentosa em odontologia. 2. ed. São Paulo: Artes Médicas; 2006. p. 35-43.

3. Bernhard CG, Bohm E, Wiesel T. On the evaluation of the anticonvulsive effect of different local anesthetics. Arch Int Pharmacodyn Ther. 1956;108(3-4):392-407.

4. Julien RM. Lidocaine in experimental epilepsy: correlation of anticonvulsant effect with blood concentrations. Electroencephalogr Clin Neurophysiol. 1973;34(6):639-45.

5. Bennett CR. Monheim: anestesia local e controle da dor na prática dentária. 7. ed. Rio de Janeiro: Guanabara Koogan; 1986.

6. de Jong RH. Local anesthetics. St Louis: Mosby; 1994.

7. Costa CG, Silva Jr JCB, Tortamano IP, Rocha RG, Lomba PC. Latência e duração pulpar de quatro diferentes anestésicos locais na infiltração maxilar. Rev Assoc Paul Cir Dent. 2005;59(2):113-6.

8. Malamed SF. Manual de anestesia local. 5. ed. Rio de Janeiro: Elsevier; 2005.

9. Colombini BL, Modena KC, Calvo AM, Sakai VT, Giglio FP, Dionísio TJ, et al. Articaine and mepivacaine efficacy in postoperative analgesia for lower third molar removal: a double-blind, randomized, crossover study. Oral Surg Oral Med Oral Pathol Oral Radiol Endod. 2006;102(2):169-74.

10. Denson DD, Mazoit JX. Physiology, pharmacology, and toxicity of local anesthetics: adult and pediatric considerations. In: Raj PP, editor. Clinical practice of regional anesthesia. New York: Churchill Livingstone; 1991.

11. Volpato MC, Ramacciato JC, Groppo FC, Ranali J. Avaliação clínica de três soluções anestésicas locais comerciais de prilocaína a 3% com felipressina. Rev Assoc Paul Cir Dent. 2001;55(6):405-8.

12. Hersh EV, Giannakopoulos H, Levin LM, Secreto S, Moore PA, Peterson C, et al. The pharmacokinetics and cardiovascular effects of high-dose articaine with 1:100,000 and 1:200,000 epinephrine. J Am Dent Assoc. 2006;137(11):1562-71.

13. Costa CG, Tortamano IP, Rocha RG, Francischone CE, Tortamano N. Onset and duration periods of articaine and lidocaine on maxillary infiltration. Quintessence Int. 2005;36(3):197-201.

14. Tófoli GR, Ramacciato JC, de Oliveira PC, Volpato MC, Groppo FC, Ranali J. Comparison of effectiveness of 4% articaine associated with 1: 100,000 or 1: 200,000 epinephrine in inferior alveolar nerve block. Anesth Prog. 2003;50(4):164-8.

15. Robertson D, Nusstein J, Reader A, Beck M, McCartney M. The anesthetic efficacy of articaine in buccal infiltration of mandibular posterior teeth. J Am Dent Assoc. 2007;138(8):1104-12.

16. Uckan S, Dayangac E, Araz K. Is permanent maxillary tooth removal without palatal injection possible? Oral Surg Oral Med Oral Pathol Oral Radiol Endod. 2006;102(6):733-5.

17. Fan S, Chen WL, Yang ZH, Huang ZQ. Comparison of the efficiencies of permanent maxillary tooth removal performed with single buccal infiltration versus routine buccal and palatal injection. Oral Surg Oral Med Oral Pathol Oral Radiol Endod. 2009;107(3):359-63.

18. Haas DA, Lennon D. A 21 year retrospective study of reports of paresthesia following local anesthetic administration. J Can Dent Assoc. 1995;61(4):319-30.

19. Hillerup S, Jensen R. Nerve injury caused by mandibular block analgesia. Int J Oral Maxillofac Surg. 2006;35(5):437-43.

20. Gaffen AS, Haas DA. Retrospective review of voluntary reports of nonsurgical paresthesia in dentistry. J Can Dent Assoc. 2009;75(8):579.

21. Garisto GA, Gaffen AS, Lawrence HP, Tenenbaum HC, Haas DA. Occurrence of paresthesia after dental local anesthetic administration in the United States. J Am Dent Assoc. 2010;141(7):836-44.

22. Hillerup S, Jensen RH, Ersbøll BK. Trigeminal nerve injury associated with injection of local anesthetics: needle lesion or neurotoxicity? J Am Dent Assoc. 2011;142(5):531-9.

23. Volpato MC, Ranali J, Ramacciato JC, de Oliveira PC, Ambrosano GM, Groppo FC. Anesthetic efficacy of bupivacaine solutions in inferior alveolar nerve block. Anesth Prog. 2005;52(4):132-5.

24. Fernandez C, Reader A, Beck M, Nusstein J. A prospective, randomized, double-blind comparison of bupivacaine and lidocaine for inferior alveolar nerve blocks. J Endod. 2005;31(7):499-503.

25. Branco FP, Ranali J, Ambrosano GM, Volpato MC. A double-blind comparison of 0.5% bupivacaine with 1:200,000 epinephrine and 0.5% levobupivacaine with 1:200,000 epinephrine for the inferior alveolar nerve block. Oral Surg Oral Med Oral Pathol Oral Radiol Endod. 2006;101(4):442-7.

26. Gordon SM, Chuang BP, Wang XM, Hamza MA, Rowan JS, Brahim JS, et al. The differential effects of bupivacaine and lidocaine on prostaglandin E2 release, cyclooxygenase gene expression and pain in a clinical pain model. Anesth Analg. 2008;106(1):321-7

27. Meechan JG. Effective topical anesthetic agents and techniques. Dent Clin North Am. 2002;46(4):759-66.

28. Buckingham JC. Vasopressin receptors influencing the secretion of ACTH by the rat adenohypophysis. J Endocrinol. 1987;113(3):389-96.

29. Cecanho R. Participação dos receptores V1 e da área postrema nos efeitos da felipressina sobre o sistema cardiovascular [tese]. Piracicaba: Unicamp; 2002.

30. Meechan JG, Robb ND, Seymour RA. Pain and anxiety control for the conscious dental patient. Oxford: Oxford University; 1998.

31. American Dental Association. ADA guide to dental therapeutics. 2nd ed. Chicago: ADA; 2000.

32. Haas DA. An update on local anesthetics in dentistry. J Can Dent Assoc. 2002;68(9):546-51.

33. Manica J, editor. Anestesiologia: princípios e técnicas. 3. ed. Porto Alegre: Artmed; 2003.

34. Sunada K, Nakamura K, Yamashiro M, Sumitomo M, Furuya H. Clinically safe dosage of felypressin for patients with essential hypertension. Anesth Prog. 1996;43(4):108-15.

35. Roberts DH, Sowray JH. Local analgesia in dentistry. 3rd ed. Bristol: Wright; 1987.

36. Guay J. Methemoglobinemia related to local anesthetics: a summary of 242 episodes. Anesth Analg. 2009;108(3):837-45.

37. Haas DA, Pynn BR, Sands TD. Drug use for the pregnant or lactating patient. Gen Dent. 2000;48(1):54-60.

38. Giuliani M, Grossi GB, Pileri M, Lajolo C, Casparrini G. Could local anesthesia while breast-feeding be harmful to infants? J Pediatr Gastroenterol Nutr. 2001;32(2):142-4.

39. Eagle KA, Berger PB, Calkins H, Chaitman BR, Ewy GA, Fleischmann KE, et al. ACC/AHA guideline update for perioperative cardiovascular evaluation for noncardiac surgery: executive summary: a report of the American College of Cardiology/American Heart Association Task Force on Practice Guidelines (Committee to Update the 1996 Guidelines on Perioperative Cardiovascular Evaluation for Noncardiac Surgery). J Am Coll Cardiol. 2002;39(3):542-53.

40. Rhodus NL, Little JW. Dental management of the patient with cardiac arrhythmias: an update. Oral Surg Oral Med Oral Pathol Oral Radiol Endod. 2003;96(6):659-68.

41. Chobanian AV, Bakris GL, Black HR, Cushman WC, Green LA, Izzo JL Jr, et al. The seventh report of the Joint National Committee on Prevention, Detection, and Treatment of High Blood Pressure: the JNC7 report. JAMA. 2003;289(19):2560-72.

42. Little JW. The impact on dentistry of recent advances in the management of hypertension. Oral Surg Oral Med Oral Pathol Oral Radiol Endod. 2000;90(5):591-9.

43. Conrado VC, de Andrade J, de Angelis GA, de Andrade AC, Timerman L, Andrade MM, et al. Cardiovascular effects of local anesthesia with vasoconstrictor during dental extraction in coronary patients. Arq Bras Cardiol. 2007;88(5):507-13.

44. Neves RS, Neves IL, Giorgi DM, Grupi CJ, César LA, Hueb W, et al. Effects of epinephrine in local dental anesthesia in patients with coronary artery disease. Arq Bras Cardiol. 2007;88(5):545-51.

45. Niwa H, Sato Y, Matsuura H. Safety of dental treatment in patients with previously diagnosed acute myocardial infarction or unstable angina pectoris. Oral Surg Oral Med Oral Pathol Oral Radiol Endod. 2000;89(1):35-41.

46. Pérusse R, Goulet JP, Turcotte JY. Contraindications to vasoconstrictors in dentistry: Part II. Hyperthyroidism, diabetes, sulfite sensitivity, cortico-dependent asthma, and pheochromocytoma. Oral Surg Oral Med Oral Pathol. 1992;74(5):687-91.

47. De Martin S, Orlando R, Bertoli M, Pegoraro P, Palatini P. Differential effect of chronic renal failure on the pharmacokinetics of lidocaine in patients receiving and not receiving hemodialysis. Clin Pharmacol Ther. 2006;80(6):597-606.

48. Kerr AR. Update on renal disease for the dental practitioner. Oral Surg Oral Med Oral Pathol Oral Radiol Endod. 2001;92(1):9-16.

49. Moore AW 3rd, Coke JM. Acute porphyric disorders. Oral Surg Oral Med Oral Pathol Oral Radiol Endod. 2000;90(3):257-62.

50. Andrade ED, Ranali J, organizadores. Emergências médicas em odontologia. 3. ed. São Paulo: Artes Médicas; 2011.

51. Malamed SF. Morbidity, mortality and local anaesthesia. Prim Dent Care. 1999;6(1):11-5.

52. Tarsitano JJ. Children, drugs and local anesthesia. J Am Dent Assoc. 1965;70:1153-8.

53. Boakes AJ, Laurence DR, Lovel KW, O'Neil R, Verrill PJ. Adverse reactions to local anaesthetic-vasoconstrictor preparations. A study of the cardiovascular responses to Xylestesin and Hostacain-with-Noradrenaline. Br Dent J. 1972;133(4):137-40.

54. Goodson JM, Moore PA. Life-threatening reactions after pedodontic sedation: an assessment of narcotic, local anesthetic, and antiemetic drug interaction. J Am Dent Assoc. 1983;107(2):239-45.

55. Moore PA. Local anesthesia and narcotic drug interaction in pediatric dentistry. Anesth Prog. 1988;35(1):17.

56. Hersh EV, Helpin ML, Evans OB. Local anesthetic mortality: report of case. ASDC J Dent Child. 1991;58(6):489-91.

57. Trapp L, Will J. Acquired methemoglobinemia revisited. Dent Clin North Am. 2010;54(4):665-75.

58. Mito RS, Yagiela JA. Hypertensive response to levonordefrin in a patient receiving propranolol: report of case. J Am Dent Assoc. 1988;116(1):55-7.

59. Goulet JP, Pérusse R, Turcotte JY. Contraindications to vasoconstrictors in dentistry: part III. Pharmacologic interactions. Oral Surg Oral Med Oral Pathol. 1992;74(5):692-7.

60. Yagiela JA. Adverse drug interactions in dental practice: interactions associated with vasoconstrictors. Part V of a series. J Am Dent Assoc. 1999;130(5):701-9.

Capítulo 3 – Terapêutica medicamentosa

1. Brasil. Ministério da Saúde. Agência Nacional de Vigilância Sanitária. Portaria nº 344, de 12 de maio de 1998. Aprova o regulamento técnico sobre substâncias e medicamentos sujeitos a controle especial [Internet]. Brasília: ANVISA; 1998 [capturado em 20 dez. 2012]. Disponível em: http://www.anvisa.gov.br/legis/portarias/344_98.htm.

2. Brasil. Presidência da República. Casa Civil. Artigo 6º da lei nº 5.081, de 24 de agosto de 1966 [Internet]. Brasília: Casa Civil; 1966 [capturado em 20 dez. 2012]. Disponível em: http://www.jusbrasil.com.br/legislacao/anotada/2394497/art-6-da-lei-5081-66.

3. Brasil. Presidência da República. Casa Civil. Lei nº 5.991, de 17 de dezembro de 1973 [Internet]. Brasília: Casa Civil; 1973 [capturado em 20 dez. 2012]. Disponível em: http://www.jusbrasil.com.br/legislacao/anotada/2736336/art-35-da-lei-5991-73.

4. Brasil. Ministério da Saúde. Agência Nacional de Vigilância Sanitária. RDC nº 10, de 2 de janeiro de 2001 [Internet]. Brasília: ANVISA; 2001 [capturado em 20 dez. 2012]. Disponível em: http://www.anvisa.gov.br/legis/resol/10_01rdc.htm.

5. Brasil. Ministério da Saúde. Agência Nacional de Vigilância Sanitária. RDC nº 44, de 26 de outubro de 2010. Dispõe sobre o controle de medicamentos à base de substâncias classificadas como antimicrobianos, de uso sob prescrição médica, isoladas ou em associação e dá outras providências [Internet]. Brasília: ANVISA; 2010 [capturado em 12 nov. 2012]. Disponível em: http://bvsms.saude.gov.br/bvs/saudelegis/anvisa/2010/res0044_26_10_2010.html.

6. Brasil. Ministério da Saúde. Agência Nacional de Vigilância Sanitária. Informe técnico sobre a RDC nº 20/2011 Orientações de procedimentos relativos ao controle de medicamentos à base de substâncias classificadas como antimicrobianos, de uso sob prescrição, isoladas ou em associação [Internet]. Brasília: Anvisa; 2011 [capturado em 12 nov. 2012]. Disponível em: http://www.anvisa.gov.br/hotsite/sngpc/Informe_Tecnico_Procedimentos_RDC_n_20.pdf.

7. Silegy T, Kingston RS. An overview of outpatient sedation and general anesthesia for dental care in California. J Calif Dent Assoc. 2003;31(5):405-12.

8. Andrade ED, editor. Terapêutica medicamentosa em odontologia. 2. ed. São Paulo: Artes Médicas; 2006.

9. American Dental Association. Guidelines for the Use of Sedation and General Anesthesia by Dentists. Chicago: ADA. 2007.

10. Cogo K, Bergamaschi CC, Yatsuda R, Volpato MC, Andrade ED. Sedação consciente com benzodiazepínicos em odontologia. Rev Odontol Univ Cid São Paulo. 2006;18(2):181-8.

11. Malamed SF. Sedation: a guide to patient management. 5th ed. St. Louis: Mosby; 2010.

12. Conselho Federal de Odontologia. Resolução CFO nº 51/2004 [Internet]. Rio de Janeiro: CFO; 2004 [capturado em 20 dez. 2012]. Disponível em: http://cfo.org.br/servicos-e-consultas/ato-normativo/?id=902.

13. Loeffler PM. Oral benzodiazepines and conscious sedation: a review. J Oral Maxillofac Surg. 1992;50(9):989-97.

14. Tan KR, Rudolph U, Lüscher C. Hooked on benzodiazepines: GABAA receptor subtypes and addiction. Trends Neurosci. 2011;34(4):188-97.

15. Yagiela JA, Dowd FJ, Johnson BS, Mariotti AJ, Neidle EA, editors. Pharmacology and therapeutics for dentistry. 6th ed. St. Louis: Mosby; 2011.

16. Jackson DL, Johnson BS. Conscious sedation for dentistry: risk management and patient selection. Dent Clin North Am. 2002;46(4):767-80.

17. Bentes APG. Estudo comparativo dos efeitos do alprazolam e midazolam no controle da ansiedade em implantodontia [dissertação]. Piracicaba: Unicamp-FOP; 2012.

18. Ferreira SH. A classification of peripheral analgesics based upon their mode of action. In: Sandler M, Collins GM, editors. Migraine: spectrum of ideas. Oxford: Oxford University; 1990. p. 59-72.

19. Willis WD Jr. Hyperalgesia and allodynia. New York: Raven; 1992. p. 1-11.

20. Vane JR, Botting RM. Mechanism of action of nonsteroidal anti-inflammatory drugs. Am J Med. 1998;104(3A):2S-8S.

21. Fitzgerald GA. Coxibs and cardiovascular disease. N Engl J Med. 2004;351(17):1709-10.

22. Seymour RA, Meechan JG, Blair GS. An investigation into post-operative pain after third molar surgery under local anesthesia. Br J Oral Maxillofac Surg. 1985;23(6):410-8.

23. Wang D, Wang M, Cheng I, Fitzgerald GA. Cardiovascular hazard and non-steroidal anti-inflammatory drugs. Curr Opin Pharmacol. 2005;5(2):204-10.

24. Kis B, Snipes JA, Busija DW. Acetaminophen and the COX-3 Puzzle: sorting out facts, fictions and uncertainties. J Pharmacol Exp Ther. 2005;315(1):1-7.

25. The International Agranulocytosis and Aplastic Anemia Study Group. Risks of agranulocytosis and aplastic anemia: a first report of their relation to drug use with special reference to analgesics. JAMA. 1986;256(13):1749-57.

26. Fonseca AL. Antibiótico na clínica diária. 7. ed. Rio de Janeiro: Epub; 2008.

27. Scully BE. Metronidazole. Med Clin North Am. 1988;72(3):613-21.

28. European Society of Clinical Microbiology and Infectious Diseases. Report of new "superbugs" emphasises ill-preparedness across Europe to meet this emerging public health challenge [Internet]. Basel: SCMID; 2010 [capturado em 20 dez. 2012]. Disponível em: http://www.escmid.org/fileadmin/src/media/PDFs/2News_Discussions/Press_activities/ESCMID_Statement_on_new_superbug_August_2010.pdf.

29. Brasil. Ministério da Saúde. Agência Nacional de Vigilância Sanitária. Portaria nº 42, de 25 de outubro de 2010. Dispõe sobre a obrigatoriedade de disponibilização de preparação alcoólica para fricção antisséptica das mãos, pelos serviços de saúde do País, e dá outras providências [Internet]. Brasília: ANVISA; 2010 [capturado em 20 dez. 2012]. Disponível em: http://www.sbpc.org.br/upload/conteudo/320101203112046.pdf.

30. Kaiser AB. Antimicrobial prophylaxis in surgery. N Eng J Med. 1986;315(18):1129-38.

31. Gynther GW, Köndell PA, Moberg LE, Heimdahl A. Dental implant installation without antibiotic prophylaxis. Oral Surg Oral Med Oral Pathol Oral Radiol Endod. 1998;85(5):509-511.

32. Groppo FC, Del Fiol FS, Andrade ED. Profilaxia e tratamento das infecções bacterianas. In: Andrade ED, editor. Terapêutica medicamentosa em odontologia. 2. ed. São Paulo: Artes Médicas; 2006. p. 80-4.

33. Alanis A, Weinstein AJ. Adverse reactions associated with the use of oral penicillins and cephalosporins. Med Clin North Am. 1983;67(1):113-29.

34. Andrade ED, Ramacciato JC, Motta RHL. O uso de antibióticos na prevenção ou tratamento das infecções bacterianas. In: Gonçalves EAN, Gentil, SN, organizadores. Atualização clínica em odontologia: 22º CIOSP. São Paulo: Artes Médicas; 2004. p. 213-23.

35. Fitzsimmons K, Bamber AI, Smalley HB. Infective endocarditis: changing etiology of disease. Br J Biomed Sci. 2010;67(1):35-41.

36. Bayliss R, Clarke C, Oakley C, Somerville W, Whitfield AG. The teeth and infective endocarditis. Br Heart J. 1983;50(6):506-12.

37. Guntheroth WG. How important are dental procedures as a cause of infective endocarditis? Am J Cardiol. 1984;54(7):797-801.

38. Wilson W, Taubert KA, Gewitz M, Lockhart PB, Baddour LM, Levison M, et al. Prevention of infective endocarditis: guidelines from the American Heart Association: a guideline from the American Heart Association Rheumatic Fever, Endocarditis and Kawasaki Disease Committee, Council on Cardiovascular Disease in the Young, and the Council on Clinical Cardiology, Council on Cardiovascular Surgery and Anesthesia, and the Quality of Care and Outcomes Research Interdisciplinary Working Group. J Am Dent Assoc. 2007;138(6):739-45, 747-60.

39. Pallasch TJ. Pharmacokinetic principles of antimicrobial therapy. Periodontology 2000. 1996;10:5-11.

40. Martin MV, Longman LP, Hill JB, Hardy P. Acute dentoalveolar infections: an investigation of the duration of antibiotic therapy. Br Dent J. 1997;183(4):135-7.

41. Van Winkelhoff AJ, Rodenburg JP, Goené RJ, Abbas F, Winkel EG, de Graaff J. Metronidazole plus amoxycillin in the treatment of Actinobacillus actinomycetemcomitans associated periodontitis. J Clin Periodontol. 1989;16(2):128-31.

42. Loesche WJ, Giordano JR, Hujoel P, Schwarcz J, Smith BA. Metronidazole in periodontitis reduced need for surgery. J Clin Periodontol. 1992;19(2):103-12.